工业和信息化部"十二五"规划教材

惯性导航原理实验教程

Experimental Course of Inertial Navigation Theory

● 周乃新 杨亚非 编著

U0211926

哈尔滨工业大学出版社
HARBIN INSTITUTE OF TECHNOLOGY PRESS

内容简介

根据"惯性导航原理"教学大纲,全书共分 8 章,包括绪论、陀螺仪基础实验、陀螺仪综合类测试实验、陀螺仪创新实验、陀螺稳定平台综合性实验、惯性导航系统综合性实验、控制力矩陀螺综合性实验和加速度计综合性实验。本书的特点在于以培养学生自主设计能力、综合实验能力、创新意识和创新能力为主导教学思想,一方面开设与"惯性导航原理"应该掌握的重点、难点问题相对应的实验项目,另一方面设计了一些创新性、综合性实验项目,这些实验项目涉及惯性系统设计与实现、应用基本理论解决实际问题等方面的知识,使学生在做实验的过程中,加强和锻炼分析问题、解决问题的能力及自主设计能力和创新能力。

本书可作为工科院校探测、制导与控制专业、自动化专业、航空航天等相关专业的本科高年级实验教材,也可作为研究生及相关科研人员的参考书。

图书在版编目(CIP)数据

惯性导航原理实验教程/周乃新,杨亚非编著.
—哈尔滨:哈尔滨工业大学出版社,2015.11
ISBN 978—7—5603—5024—0

Ⅰ.①惯…　Ⅱ.①周…②杨…　Ⅲ.①惯性导航—高等学校—教材　Ⅳ.①TN96

中国版本图书馆 CIP 数据核字(2014)第 270392 号

策划编辑　杜　燕
责任编辑　范业婷　高婉秋
出版发行　哈尔滨工业大学出版社
社　　址　哈尔滨市南岗区复华四道街 10 号　邮编 150006
传　　真　0451—86414749
网　　址　http://hitpress.hit.edu.cn
印　　刷　黑龙江省地质测绘印制中心印刷厂
开　　本　787mm×1092mm　1/16　印张 10.75　字数 243 千字
版　　次　2015 年 11 月第 1 版　2015 年 11 月第 1 次印刷
书　　号　ISBN 978—7—5603—5024—0
定　　价　28.00 元

前　言

惯性导航涉及电子、计算机、自动控制、光学、精密仪器、机电等多个技术学科,在航海、航空及航天领域有不可替代的作用。"惯性导航原理"作为探测、制导与控制专业及自动化专业必修的一门专业课,具有很强的实用性。它的实践教学环节不仅仅要实现对理论知识的验证,更重要的是通过实验来领会惯性导航原理的应用规律,使学生通过实验,分析实验数据,来掌握各种典型惯性元器件的结构特点、工作原理和基本特性,了解惯性系统在实际中的应用,加深对"惯性导航原理"这门课的理解,为将来从事相关领域的研究工作奠定坚实的基础。

为了实现因材施教,分层次教学,让学生在本科阶段接触学科前沿,学习研究惯性导航新技术、新方法和新知识,本书结合了现代科技发展前沿技术,将最新科研成果引入实验教学,开发设计了一系列具有航空、航天特色的基础类、综合类和创新类三个层次的实验项目。

根据"惯性导航原理"教学大纲,全书共分 8 章,内容上由浅入深,循序渐进,既易于学生接受,又达到增强学生实践能力的目的。主要包括绪论、陀螺仪基础实验、陀螺仪综合类测试实验、陀螺仪创新实验、陀螺稳定平台综合性实验、惯性导航系统综合性实验、控制力矩陀螺综合性实验和加速度计综合性实验。这些实验项目涉及基础理论验证、惯性系统特性测试、惯性系统设计与实现、应用基本理论解决实际问题等方面的知识,使学生在做实验的过程中,加强和锻炼动手能力、分析解决问题的能力、工程实践能力、自主设计能力和创新能力。书中各部分内容保持了相对的独立性,以便不同的学校根据实验设备与实验课时选用。

本书由哈尔滨工业大学周乃新老师和杨亚非老师共同编写,其中第 1~6 章由周乃新老师编写;第 7~8 章由杨亚非老师编写。

本书在编写过程中,参考了北京泰豪联星技术有限公司产品使用手册,在此向此文献的作者表示诚挚的感谢。哈尔滨工业大学邓正隆教授和哈尔滨工程大学史震教授对书稿进行了仔细的审阅,提出了许多宝贵意见,在此表示衷心的感谢。同时感谢哈尔滨工业大学教务处、哈尔滨工业大学控制科学与工程系的领导和同仁们的支持和鼓励。

本书可作为工科院校探测、制导与控制专业、自动化专业、航空航天等相关专业的本科高年级实验教材,也可作为研究生及相关科研人员的参考书。

由于作者水平所限,不足和疏漏在所难免,恳请读者批评指正。

作者

2015 年 5 月

目　录

第1章 绪 论

1.1 惯性导航原理实验分类

为了实现因材施教,分层次教学,本书将最新的科研成果引入实验教学,开发设计了一系列与现代科技发展前沿技术紧密结合、具有航空航天特色的基础类、综合类和创新类三个层次的实验项目,使实验内容体现和运用现代的实验方法,确保实验教学内容的系统性与先进性,进而提高学生综合实验能力,设计能力和创新能力。

基础类实验以演示性、验证性实验为主,如"几种典型陀螺仪结构展示实验""双自由度陀螺仪基本特性验证实验""光纤陀螺数据采集过程演示实验"等。通过实验使学生建立起惯性空间的概念,加深对惯性器件的感性认识,了解其结构特性及实际应用。

综合类实验难度加深,需要的知识量增多,如"单自由度液浮陀螺静态漂移测试实验""陀螺稳定平台综合性实验""惯性导航系统综合性实验"等。综合类实验揭示惯性测量的本质,加深学生对所学惯性测量基本概念的理解和掌握;培养学生理论与实际相结合的能力、动手能力和分析问题、解决问题的能力。

创新类实验体现了对学生创新研究能力的培养,通过创新型实验研究,使学生亲身经历"发现问题—查阅文献—出理论方案—实验验证—解决问题"的科研历程,提高自主创新能力。这类实验一般由经验丰富的教师给出实验材料,提供实验设备,提出实验总目标,学生自行研究,编写实验方案,独立完成实验操作,分析处理实验数据,最后总结实验结论。

1.2 实验流程与要求

一个完整的实验过程包括实验预习、实验操作及实验报告。

1.实验预习

实验预习是指在实验操作之前对本次实验涉及的理论知识、仪器操作要熟悉。对于进行开放性实验的同学来说,此环节尤为重要。在本实验教学中心的网站中,针对各种实验内容均有全面的预习要求、理论阐述及仪器使用介绍的视频文件。应充分利用网络资源,做好预习工作。

(1)学生在进行实验前应复习《惯性导航原理》教材中的有关内容,认真阅读实验指导书及与实验有关的参考资料,明确实验要求,做好充分准备。

(2)预习后,应对实验的内容和方法等进行充分讨论,认真填写预习报告。预习报告应在实验前完成,经教师审查同意后方可进行实验,未完成预习报告或预习报告不符合要求的同学不能参加实验。

(3)实验预习报告应包括:实验目的、实验内容、实验接线图、实验步骤(应写明每项实验内容的具体操作步骤,保持条件,读取哪些数据等)和注意事项等。

此外,预习报告中应设计好记录表格,以备实验时记录数据使用(记录表格的格式可参考实验指导书中的说明)。预习报告应独立完成。

2. 实验操作

正确合理的实验操作方法是实验顺利进行的有效保证。实验操作时,应注意如下事项:

(1)检查实验仪器。

实验前,首先按照实验指导书清点实验台上提供的实验仪器,并按照预习时网络视频或实验指导书的讲解内容检查仪器是否完好,如有问题及时向指导教师提出。

(2)连接线路。

按照实验报告提供的实验电路或自己绘制的设计电路接线时,应遵循如下要求:

①接线前,调节电源至实验要求值后关闭。接线过程中,保持电源为关闭状态。

②为避免接触不良,应尽量避免在一个节点连接三根以上导线。

(3)排查故障。

当电路出现故障时,可按照以下方法排查:

①断电检查法。关闭电源开关,用万用表的欧姆挡对电路中的节点进行逐一测试,根据被检查点的电阻值是否异常找出故障点。

②通电检查法。不需关闭电源,用万用表的电压挡对电路中的节点进行逐一测试,根据被检查点的电压值是否异常找出故障点。

(4)测试数据。

①首先进行预测,此过程不必仔细读取数据,而只是概略地观察被测量的变化趋势及测量仪表的读数变化范围。

②根据预测结果选定仪表的适当量程,对实验电路进行正式测量。为保证绘制曲线的精确度,注意在曲线的拐点处多取几组数据。

③测试完毕后先自查,看是否与理论预测结果相近。经指导教师复核无误后,方可拆除接线。

(5)整理实验台。

完成所有实验内容后,将仪器、导线等所用实验器具按原样摆放,确保所有仪器的电源为关闭状态。经指导教师允许后,方可离开实验室。

3. 实验报告要求

除实验操作外,实验报告的撰写也是指导教师考核学生实验效果的重要部分。规范的实验报告要求学生用通顺的文字及清晰的图表总结实验目的、过程、结果等信息,并对实验结果进行正确、简要的分析。

(1)实验报告应按实验指导书的要求根据原始记录完成,并于规定时间内交到指导教师处。

(2)实验报告由个人独立完成,每人一份。报告要有经辅导教师签字后的原始记录。无原始记录的报告无效。报告应字迹整齐,数据、曲线等符合要求。

(3)实验报告应包括:封面(包括实验名称、班号、组别、姓名及学号、同组同学姓名、实验日期、报告完成日期);实验目的;实验内容及原理线路图;数据处理;回答实验讨论题及实验总结(对实验结果和实验中的现象进行简练明确的分析并做出结论或评价,分析应着重于物理概念的探讨,也可以利用数学公式、向量图、曲线等帮助说明问题)六部分内容。

(4)对数据处理的具体要求。

①将原始记录中要用到的数据整理后列表,并写明其实验条件;需要计算的加以计算后再填入表中,同时说明所用的计算公式并以其中一组数据代入来说明计算过程。

②计算参数或性能时,要先列出公式,然后代入数字,直接写出计算结果(中间计算过程可略去)。计算的有效位数以仪表的有效位数为准。若计算曲线上的点,则也应按此要求以一点为例代入数字,其他各点可将结果直接填入表中。

综上所述,只有认真对待以上每个实验环节,才能保证获得高质量的实验效果。

1.3　实验测试数据处理方法

导航控制系统的分析、综合与设计中,通常采用两种方法:一种方法是解析方法,即运用理论知识(例如物理学、化学知识等)对控制系统进行理论方面的分析、计算,但这种方法往往有很大的局限性;另一种方法就是实验方法,即利用各种仪器仪表与装置,对控制系统施加一定类型的信号来测取系统的响应,确定系统的动态性能。大多数情况下是两者兼用,即在分析时要依靠实验,在实验中要用到分析。

1.列表法

列表法是记录和处理实验数据的基本方法,也是其他实验数据处理方法的基础。一般将实验数据列成适当的表格,就可以清楚地反映出有关物理量之间的对应关系,这样既有助于及时发现和检查实验中存在的问题,判断测量结果的合理性,又有助于分析实验结果,找出有关物理量之间存在的规律性。一个好的数据表可以提高数据处理的效率,减少或避免错误,所以一定要养成列表记录和处理数据的习惯。

2.作图法

利用实验数据,将实验中物理量之间的函数关系用几何图线表示出来,这种方法称为作图法。作图法是一种被广泛用于处理实验数据的方法,它不仅能简明、直观、形象地显示物理量之间的关系,而且有助于研究物理量之间的变化规律,找出定量的函数关系或得到所求的参量。同时,所作的网线对测量数据起到取平均的作用,从而减小随机误差的影响。此外,还可以作出仪器的校正曲线,帮助发现实验中的某些测量错误等。因此,作图法不仅是一个数据处理方法,而且是实验方法中不可分割的部分。

3.逐差法

逐差法也是实验中处理数据的一种常用方法。凡是由自变量作等量变化而引起的应变量也作等量变化,便可采用逐差法求出应变量的平均变化值。逐差法计算简便,特别是在检查数据时,可随测随检,及时发现差错和数据规律。更重要的是可充分地利用已测到的所有数据,并具有对数据取平均的效果。另外还可绕过一些具有定值的已知量,求出所需要的实验结果,减小系统误差和扩大测量范围。

4.最小二乘法

把实验的结果画成图表固然可以表示出规律,但是图表的表示往往不如用函数表示来得明确和方便,所以一般通过实验的数据求经验方程,也称为方程的回归问题。变量之间的相关函数关系称为回归方程。

　　设

$$b_i = x_i - x \qquad i = 1, 2, \cdots, n \tag{1.1}$$

式中,b_i 称为残差(或第 i 次测量值 x_i 与算术平均值 x 的偏差)。可以证明,以式(1.1)方式组合得到的残差平方和,比其他方式组合的偏差平方和都小。

第2章　陀螺仪基础实验

陀螺仪基础实验侧重于对惯性导航系统中基本概念、基本定理的验证,培养学生观察问题、分析问题的能力,加强对一些抽象概念的理解。

实验1　几种典型陀螺仪结构展示实验

一、实验目的

(1)熟悉陀螺仪的分类。

(2)了解几种典型陀螺仪的结构特点和工作原理。

(3)加深学生对陀螺仪的感性认识,了解陀螺仪在不依赖任何外部信息的情况下,可实时测量出海、陆、空、天任何运载体的运动角速度,使学生认识到陀螺仪在惯性技术中的核心作用及其重要性。

二、仪器与设备

(1)YNT-30型角速度陀螺仪。

(2)YT3-JM/JT型角度陀螺仪。

(3)静电陀螺仪。

(4)FOG-2B型光纤陀螺仪。

(5)J-1-128IV(90)型激光陀螺仪。

三、实验原理

从传统概念来讲,我们将绕自身转子轴高速旋转的刚体称为陀螺,而利用陀螺的力学性质所制成的具有支撑、能实现旋转测量功能的陀螺装置称为陀螺仪。

1.机械框架式转子陀螺仪

机械框架式转子陀螺仪的自由度可定义为自转轴相对基座旋转的自由度。因此按自转轴相对壳体所具有转动自由度的数目,转子陀螺仪可分为单自由度陀螺仪、二自由度陀螺仪和三自由度陀螺仪三种类型。

二自由度机械框架式转子陀螺仪一般由陀螺转子、内外两个框架及附件等部件组成,如图2.1所示。陀螺转子由内环支撑,通常采用同步电机、磁滞电机、三相交流电机等拖动方法来使陀螺转子绕自转轴高速旋转,并且其转速近似为常值。内、外框架是使陀螺仪自转轴获得转动自由度的结构,内框架通过内环轴支撑在外框架上,可相对外框架转动。外框架通过外环轴支撑在基座上,可绕外框架轴相对基座转动。陀螺仪的主轴(又称自转轴)、内框架轴、外框架轴相交于一点,该点称为陀螺仪的支点。转子可绕自转轴转动,故转子相对基座具有三个运动自由度,而实际上转子只能绕内框架轴和外框架轴转动,因此我们说自转轴具有两个转动自由度。陀螺仪的附件有力矩马达、信号传感器、力矩传感器、导电环、电缆线和基座等。没有任何力矩装置的转子陀螺仪,称为自由陀螺仪;而配有力矩传感器和信号传感器的陀螺仪称为传统意义上的转子陀螺仪,如图2.1所示。

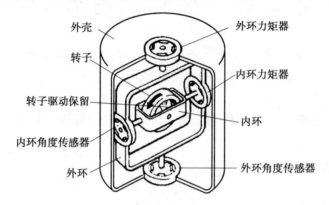

图 2.1　机械框架转子陀螺仪结构示意图

2.静电陀螺仪

静电陀螺仪是一种采用静电悬浮支撑的高精度自由转子陀螺仪,也是目前广泛应用的精度最高的陀螺仪。静电陀螺仪由带球面电极的陶瓷壳体、球形转子、球形电极、驱动线圈、定中线圈、光电传感器和钛离子泵等组成,如图2.2所示。

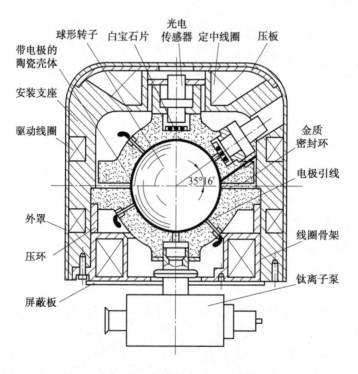

图 2.2　静电陀螺仪原理示意图

(1)球形转子。

在静电陀螺仪中,转子做成球形,并放置在超高真空的电极球腔内,由强电场所产生的静电吸力使其支悬起来。球形转子的结构有空心球和实心球两种类型。转子的材料通常采用铍。铍的密度小而刚度大,对提高承载能力和陀螺精度有利。但铍的粉末、蒸气和溶液有毒性,加工时需要特殊的防护措施。

空心球转子由两个薄壁半球配合后,经真空电子束焊接而成。球外径的典型尺寸为38 mm和50 mm。球壁厚度一般为0.4～0.6 mm,但在赤道处加厚,即具有一个对称于极轴的赤道环,以保证转子绕极轴的转动惯量最大,这样极轴便成为唯一稳定的中心惯性主轴。

(2)带有球面电极的陶瓷壳体。

支撑球形转子所需的球面电极和超高真空球腔,由两个带球面电极的陶瓷壳体密封连接而成。电极与转子之间的间隙,对于直径为38 mm的空心球转子一般取50 μm,对于直径为10 mm的实心球转子一般取5～7.5 μm。

陶瓷壳体的结构形式通常为厚壁半球碗,俗称陶瓷碗。在它的球腔内壁上制成球面电极。在有关位置上开有电极引线针孔、光电传感器的通光孔(在该孔的端面处烧结白宝石片以保证密封而透光)以及抽真空所需的通气孔等。在其开口端的外缘处还有连接螺钉孔及定位销孔。

球面电极划分的基本方案有正六面体电极和正八面体电极两种。对于空心球转子,一般采用前者;对于实心球转子,一般采用后者。两个陶瓷碗之间的密封通常采用金质密封环。在陶瓷碗的端面上放置的金环,当连接螺钉拧紧时产生塑性变形而起到密封作用。

(3)驱动线圈与定中线圈。

驱动线圈用来产生旋转磁场,使转子获得所需的转速。两对驱动线圈固装在陶瓷壳体的四周,两对线圈的轴线呈90°交角。当驱动线圈通以两相交流电时,形成旋转磁场,在转子表面上感应出电流。感应电流与旋转磁场的作用结果,便产生驱动力矩而驱使转子做角加速旋转。两个定中线圈固装在陶瓷壳体的上、下两端。当定中线圈通以直流电时,产生与旋转轴线相一致的恒定磁场,旋转的转子在恒定磁场中受到力矩作用,使转子极轴与磁场方向趋于一致,亦即极轴与转轴趋于一致,从而使转子绕极轴做稳定旋转。在定中过程结束后,转子的转轴和极轴均与壳体零位对准。

静电陀螺仪具有精度高、结构简单、可靠性高等优点,不足之处是工艺较复杂,价格十分昂贵。静电陀螺仪的精度一般在10^{-4}(°)/h以上,漂移率可达到1×10^{-7}(°)/h,被应用在要求长时间高精度的惯性系统中,如核潜艇的静电惯性导航系统、静电监控器系统、战略轰炸机惯性导航系统、航天飞机惯性导航系统等战略武器及火箭方面。

3. 激光陀螺仪

激光陀螺仪是基于萨格奈克(Sagnac)效应而发展起来的一种光电式惯性敏感仪表,它通过检测谐振腔中相向传播的两束光波的频差,即可确定腔体相对惯性空间的转动角速度。

激光陀螺仪主要由环形谐振腔体、激光管、反射镜、增益介质、偏颇组件、程长控制组件、信号读出机构、环形激光器、核心逻辑电路、电源组件、安装结构、电磁屏蔽罩等构成。如图2.3所示为一个典型整体式激光陀螺仪的结构示意图。它采用三角形谐振腔,在腔体内加工出三角形的光束通道孔,构成三角形激光通路。在三角形的三个顶角处分别开有大孔,各个大孔的端面均要磨平并高度抛光,使平面度达到 0.05 μm,用来安装反射镜,在腔体侧面还开有一些小孔,用来安装电极和引线。

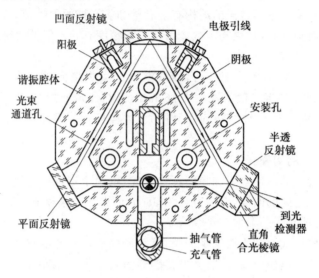

图 2.3　整体式激光陀螺仪的结构示意图

激光管内装有工作介质,一般为氮氧混合气体,它由高频电压或直流电压予以激励;三个光学平面反射镜形成闭合光路(环型激光谐振器),由光电二极管组成的光电读出电路可以检测相向运行的两束光的光程差。

反射镜是激光陀螺仪关键的光学元件。通常要求反射镜的反射率大于 99.9%,而其散射率要低于 1/10 000。反射镜的作用就是无损失地、准确地改变光在光路中的运行方向,一般都放在光和腔体接触的位置,构成一个无应力、密封的腔体。构成谐振腔的反射镜中,有一个应为凹面反射镜,以使激光在腔内反复反射时不会逸出腔外,从而得到谐振腔的稳定条件;其余的均为平面反射镜,但其中一个为半透反射镜,以使两相反方向传播的光束进入直角合光棱镜并入射在光检测器上。

激光陀螺仪具有动态范围宽,线性度好;直接数字输出,不需要 A/D 转换;结构简单而坚固,成本低;仪表启动快,准备时间短;性能稳定,可承受大的过载;可靠性高,适合大批量生产等优点。激光陀螺仪的缺点是精度相对较差,尺寸也比常规陀螺仪稍大些,另外存在着在很低输入速率下的光速自锁问题。

4.光纤陀螺仪

光纤陀螺按其光学工作原理可分为三类:干涉型光纤陀螺(I-FOG)、谐振型光纤陀螺(R-FOG)和受激布里渊散射光纤陀螺(B-FOG)。其中干涉型光纤陀螺技术已完全成熟并产业化,而谐振型光纤陀螺和受激布里渊散射式光纤陀螺还处于基础研究阶段,尚有许多问题需要进一步探索。

干涉型光纤陀螺的主体是一个萨格奈克干涉仪,由宽带光源(如超发光二极管或光纤光源)、光纤耦合器、光探测器、Y 分支多功能集成光学芯片和光纤线圈组成,如图 2.4 所示。它的特点是运用萨格奈克效应产生的光程变化,利用干涉测量技术把相位调制光转变为振幅调制光,把光相位的直接测量转化成光强度测量,从而比较简单地测出萨格奈克相位变化。

从光源发出的光经分束器分成等强的两束,它们各自经一个透镜,分别耦合进多匝单模光纤线圈的两端。两相反方向传播的光束在光纤线圈绕行后,分别从光纤线圈的相反两端射出,再经分束器而汇合,并在光检测器中产生干涉条纹。

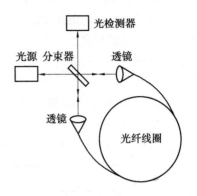

图 2.4 光纤陀螺仪结构示意图

当光纤线圈绕其中心轴无旋转时,从光纤线圈两端出来的两束光的光程差为零。当光纤线圈绕其中心轴旋转时,从光纤线圈两端出来沿顺时针和逆时针方向传播的两束光波之间产生光程差,即出现一个与旋转角速率成正比的相位差。此时两束光的干涉情况发生变化,到达光检测器的光强亦发生变化,而光检测器的输出电流正比于输入光强,因此光检测器的输出电流发生变化,通过换算可求出陀螺旋转角速率。

光纤陀螺是一种新型的全固态惯性仪表。与传统机电陀螺相比,光纤陀螺无运动部件和磨损部件,结构简单、成本低、寿命长、质量轻、体积小、动态范围大、精度覆盖面广、灵敏度高、无加速度引起的漂移、结构设计灵活、生产工艺简单、耐过载、消耗功率小;与重力加速度 g 无关、性能稳定、可靠性好、有极强的环境适应能力;启动时间短,易于实现数字化结构,便于计算机管理;良好的性能价格比;抗电磁辐射和冲击能力强、易于集成等一系列的优异性能,应用范围广泛。

四、实验要求

(1)掌握陀螺仪的分类及各自的工作原理。

(2)了解典型陀螺仪的结构特点。

五、实验内容及步骤

(1)分解 YNT−30 角速度陀螺仪表,了解其结构特点和工作原理,仪表电路示意图如图 2.5 所示。

①拆解 YNT−30 角速度陀螺仪表,了解其结构特点;

②分析 YNT−30 角速度陀螺仪表工作原理;

③了解 YNT−30 角速度陀螺仪表性能指标及应用领域。

YNT−30 角速度陀螺仪表生产于 1978 年,其技术指标为:

a. (40±2) V,(500±1) Hz 的三相交流电和 (6±0.2) V 直流电共同供电;

b. 测量角速度范围:±30(°)/s;

c. 仪表所需的马达相电流不大于 0.12 A;

d. 仪表电位计总电阻不小于 500 Ω;

e. 仪表阻尼系数在 0.2～0.8 之间;

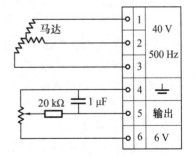

图 2.5 YNT−30 角速度陀螺仪表电路示意图

f.适用温度:55~-45 ℃;

g.仪表灵敏度不低于±0.6(°)/s。

④重新组装好仪表。

(2)分解 YT3-JM/JT 角度陀螺仪表,了解其结构特点和工作原理,仪表电路示意图如图 2.6 所示。

①按下陀螺仪的锁,观察会发生什么现象,由此你能推断该陀螺有几个自由度?

②拆解 YT3-JM/JT 角度陀螺仪表,了解其结构特点;

③分析 YT3-JM/JT 角度陀螺仪表工作原理。

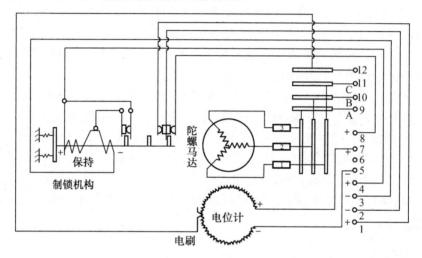

图 2.6 YT3-JM/JT 角度陀螺仪表电路示意图

④了解 YT3-JM/JT 角度陀螺仪表性能指标及应用领域,实物图如图 2.7 所示。

YT3-JM/JT 角度陀螺仪表生产于 1977 年,其技术指标为:

图 2.7 YT3-JM/JT 角度陀螺仪表实物图

a.直流电源:(26±2)V, (6±0.2)V;

b.三相交流电源:(40±4)V,(500±10)Hz;

c.测量角速度范围:±120(°)/s;

d.仪表所需的马达相电流不大于 0.28 A,启动时间不大于 1 min;

e.制锁机构的动作电压不大于 18 V;

f.仪表电位计总电阻:2 160 Ω;

g.仪表精度:5 min 内漂移不大于 2°;

h.质量不大于 1.2 kg。

⑤重新组装好仪表。

(3)分解静电陀螺仪表,了解陀螺仪的结构和工作原理,实验装置如图 2.8 所示。

① 拆解静电陀螺仪表,了解其结构特点;

② 分析静电陀螺仪表工作原理;

③ 了解静电陀螺仪表性能指标及应用领域;

④ 重新组装好仪表。

静电式自由转子陀螺实验模型技术指标：

a. 转子直径：5.6 cm；

b. 电极与转子间的间隙：千分之几厘米；

c. 转子与电极的椭圆度：小于 0.125 μm；

d. 质量不大于 1.2 kg。

(4)拆解 FOG－2B 型闭环光纤陀螺仪表，了解其结构特点、工作原理和基本特性。

① 拆解 FOG－2B 型闭环光纤陀螺仪表，了解其结构特点，实验装置如图 2.9 所示。

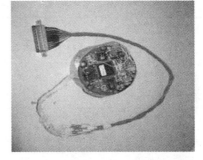

图 2.8　静电陀螺实验装置　　　　　图 2.9　FOG－2B 型闭环光纤陀螺仪

FOG－2B 型闭环光纤陀螺仪是一种中精度闭环光纤陀螺仪，输入敏感轴（IRA）为垂直向上方向，属于固态陀螺仪。它由光路部分和电路部分两大部分组成。光路部分包括：光源、耦合器、Y 波导器件、光纤线圈、光电检测器。电路部分包括光源驱动和信号处理电路板。这两部分共同安装在陀螺结构体上，其基本组成框图如图 2.10 所示。

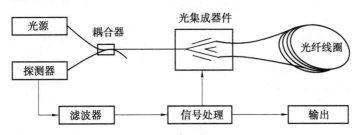

图 2.10　闭环光纤陀螺仪基本组成框图

②分析 FOG－2B 型闭环光纤陀螺仪表工作原理；

③了解 FOG－2B 型闭环光纤陀螺仪表性能指标及应用领域，性能参数见表 2.1。

表 2.1　FOG－2B 型闭环光纤陀螺仪性能参数表

标度因数	K	Bit/[$(°) \cdot s^{-1}$]	13 639.33
标度因数非线性	K_n		0.007
零偏(20 ℃)	B_0	$(°)/h$	30.6
零偏稳定性(10 s)	B_s	$(°)/h$	0.4
最大输入角速率	Ω_{max}	$(°)/s$	280
分辨率	Ω_r	$(°)/s$	0.01
阈值	Ω_r	$(°)/s$	0.006

④重新组装好仪表。

(5)分解 J－1－128IV(90)型激光陀螺仪表,了解陀螺仪的结构和工作原理。

①分析 J－1－128IV(90)型激光陀螺仪表工作原理。

②拆解 J－1－128IV(90)型激光陀螺仪表,了解其结构特点。

将一带电源的激光陀螺通电,观察其光路的走向,联系课堂上所学的知识,解说萨格奈克效应的定义,简述激光陀螺仪工作原理。

③了解 J－1－128IV(90)型激光陀螺仪表性能指标及应用领域,技术参数见表2.2。

表 2.2　J－1－128IV(90)型激光陀螺技术参数

激光陀螺型号	采样均值/[(°)·h^{-1}]	稳定性/[(°)·h^{-1}]
	10.594 8	0.010 2
4195	随机游走系数	
	0.003 5	

④重新组装好仪表,实验装置如图2.11所示。

六、实验报告要求

(1)简述陀螺仪的分类?

(2)静电陀螺仪与光纤陀螺仪结构上有什么不同?

(3)简述机械式转子陀螺仪结构特点。

(4)简述光纤陀螺仪的工作原理及其应用状况。

七、实验注意事项

(1)戴手套进行陀螺仪的拆、装工作。

(2)注意不要弄丢仪器零件。

(3)实验结束后,整理好实验台。

图 2.11　J－1－128IV(90)型激光陀螺仪

实验 2　二自由度陀螺仪基本特性验证实验

一、实验目的

(1)掌握二自由度机械转子陀螺仪的工作原理。

(2)对比验证没有通电和通电后的二自由度陀螺仪基本特性表观。

(3)通过实验,加深对二自由度转子陀螺定轴性、进动性和动力效应三个特性的理解。

二、仪器与设备

1.二自由度陀螺仪

二自由度机械转子陀螺仪(图2.12)是实验室为了配合理论教学而自行设计加工组装

而成,该实验装置结构简单直观、便于操作、噪声小、安全可靠。其马达为三相交流电动机,转速为 20 000~24 000 r/min,动量矩 H 为 4 000 g·cm·s。

2.专用电源(图 2.13)

每台专用电源可为四台二自由度机械转子陀螺仪供电。

(1)电源输出为:400 Hz,三相,36 V。

(2)电源输入为:50 Hz,单相,220 V。

图 2.12　二自由度机械转子陀螺仪　　　　图 2.13　陀螺仪专用电源

三、实验原理

因为绕定点转动的刚体呈现出与不转动的一般刚体完全不同的力学特性,人们利用这些特性制成了能为导航、制导应用服务的惯性敏感器件——陀螺仪。它具有三种运动特性:定轴性、进动性和动力效应。

1.定轴性

我们将陀螺具有抵抗干扰力矩,力图保持其自转轴相对惯性空间方位不变的特性,称为二自由度陀螺的定轴性或稳定性。陀螺转子在高速旋转时,如果作用在它上面的外力矩为零,由角动量定理可知,此时陀螺相对于支点的角动量守恒,且角动量的方向始终保持不变,呈现出陀螺的定轴性。

如果用 J 表示陀螺转子相对自转轴的转动惯量(g·cm·s²),Ω 表示陀螺转子绕自转轴的角速度(rad/s),则

$$H = J\Omega \tag{2.1}$$

式中,H 为陀螺转子的动量矩或角动量(g·cm·s)。H 值越大,说明陀螺仪的定轴性越强,也就是稳定性越好。

(1)定轴性的相对性 1:漂移。

在实际应用中,陀螺仪本身总是存在各种各样的干扰,产生人们不希望的干扰力矩,这种力矩也会破坏陀螺仪的定轴性。例如框架轴上支撑的摩擦力矩,陀螺组合件的不平衡力矩以及其他因素引起的干扰力矩;陀螺仪加工制造的误差、结构的变形产生的陀螺仪质心的偏移,以及由于结构和材料的不对称、不均匀所产生的动不平衡量形成的干扰力矩、框架支撑中的摩擦力矩、各种电磁干扰力矩等。在这些干扰力矩作用下,陀螺仪也要进动,使其转子轴偏离原来的惯性空间方位。这种进动引起的角速度就称为陀螺仪漂移。陀螺的动量矩越大,则陀螺漂移越小,其稳定性就越高。陀螺仪的漂移是陀螺仪质量的主要指标。漂移角

速度越小的陀螺仪精度越高。

（2）定轴性的相对性 2：章动。

作用于陀螺的干扰力矩是瞬时的冲击力矩时，陀螺自转轴将在原来的空间方位附近绕其平衡位置做高频、微幅、周期性的圆锥形振荡运动，不会顺着冲击力矩的方向转动，这种现象称之为章动。

由于在空气阻尼和轴承摩擦的作用下，这种微幅高频振荡会很快消失，陀螺仪动量矩 H 相对惯性空间的方向即陀螺仪主轴的方向基本不受影响，显示 H 的定轴性。

利用陀螺仪的定轴性，可以稳定照相机、摄录机的镜头，提高在高动态条件下的画面质量；可以对运载体导航或制导。在鱼雷或导弹上安装二自由度陀螺仪，当陀螺仪启动时，转子高速旋转，让转子动量矩 H 的方向与运动物体的航行方向一致，鱼雷或导弹就按预定的方向，即陀螺仪的方向前进。弹体一旦偏离了原定的航向，因为陀螺仪有定轴性，故陀螺主轴保持原方向不变，载体的偏航就被陀螺仪检测出来了，这就是陀螺仪用作方位控制的最简单的例子。行驶的自行车能够不翻倒也是由于陀螺的定向性，这时自行车的两个轮子就是陀螺。

2. 进动性

陀螺框架的转动方向与外力矩作用方向不一致，即自转轴的转动方向与外加力矩作用方向相垂直，这种现象称为陀螺的进动性。

如图 2.14 所示，陀螺仪动量矩 H 指向 x 轴的正方向，在 x 轴的 A 点向下加一个外力 F，能不能把陀螺仪的主轴往下按下去呢？如果陀螺仪的转子不旋转，那么这就是一般的刚体，在外力 F 的作用下，转子就会绕 y 轴转动，产生 Q_y 角。现在通电，使转子高速转动。在外力 F 的作用下，陀螺表现出与一般刚体完全不同的特性。通过用外力 F 想把转子轴，即动量矩 H 的头按下去，陀螺表现出了"倔强"的性格，它毫不低头，且不会绕着 y 轴转动，而是绕着与 y 轴垂直的 z 轴转动，力矩 M_y 多大，绕 z 轴转动的转速相应就有多大。我们把这种现象称为陀螺的进动性表观。为了同一般刚体的转动相区别，把陀螺转子自转轴绕着与外力矩方向相垂直方向的转动称为进动，其转动角速度称为进动角速度。

（1）进动的角速度。

由于陀螺转子的运动属于刚体绕定点转动，因此其运动规律可以用动量矩定理加以解释。采用固定在内框架上的动坐标系 $Oxyz$ 来研究转子的运动。

设陀螺的动量矩为 H，作用于陀螺仪的外力矩为 M。陀螺产生的进动角速度为 ω，则进动矢量式为

$$M = \omega \times H \tag{2.2}$$

写成标量的形式为

$$M = \omega H \sin\theta \tag{2.3}$$

可得

$$\omega = \frac{M}{H\sin\theta} \tag{2.4}$$

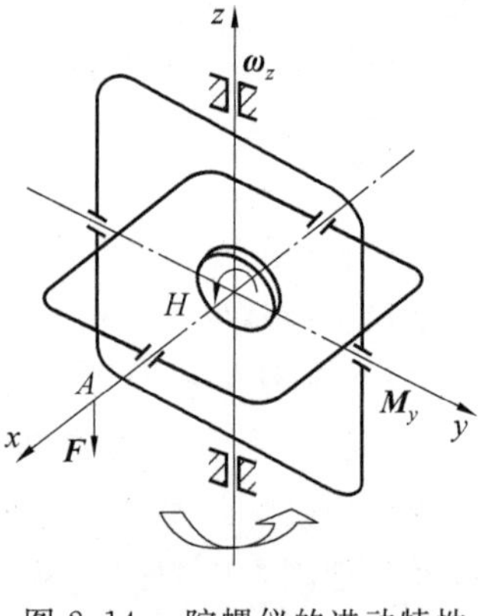

图 2.14　陀螺仪的进动特性

当陀螺承受外力矩 M 作用，并且 M 与 H 不重合时，则陀螺将产生相对惯性空间做角速度为 ω 的进动运动。外力矩 M、动量矩 H 和角速度 ω 三者的关系如式（2.2），成为陀螺仪的进动方程式，角速度 ω 称为陀螺进动角速度。

陀螺进动运动总是伴随着章动运动一起出现。动量矩较大时,章动角频率很高,一般达每秒数百次以上,而振幅却很小,一般小于角分的量级。这说明陀螺自转轴相对惯性空间的方位改变极小,稳定性很高。

当进动角速度垂直于动量矩时,陀螺进动角速度的大小为

$$\omega = \frac{M}{H} \tag{2.5}$$

上式表明,当动量矩为一定值时,外力矩越大,则进动角速度越大,即进动角速度的大小与外力矩的大小成正比,而动量矩 H 越大,转动越慢,转动角速度与动量矩 H 成反比。

此外,从动量矩定理还可以看到陀螺进动的"无惯性"。当外力矩加在陀螺的瞬间,陀螺动量矩矢量立刻相对惯性空间改变方向,即陀螺也立刻进动;当外力矩去除的瞬间,陀螺动量矩相对广性空间保持方向不变,进动也立刻停止。

(2) 利用最短路径法则判断进动的方向。

陀螺进动角速度的方向,取决于 H 和 M 的方向:当 H 沿最短途径趋向于 M 的右螺旋前进方向,即为进动角速度的方向。可用右手定则来记忆进动角速度的方向:使动量 H 沿最短路径趋向外力矩 M 的方向,即为进动角速度的方向,如图 2.15 所示。

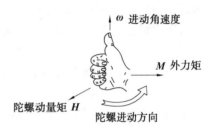

图 2.15 用右手定则来记忆进动角速度的方向

如图 2.16(a)、2.16(b) 分别给出了沿内环轴方向施加外力矩和沿外环轴方向施加外力矩时陀螺转子的进动情况。

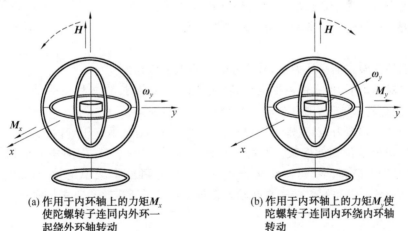

(a) 作用于内环轴上的力矩 M_x 使陀螺转子连同内外环一起绕外环轴转动

(b) 作用于内环轴上的力矩 M_y 使陀螺转子连同内环绕内环轴转动

图 2.16 外力矩作用下陀螺仪的进动

对于转子高速旋转的双自由度陀螺仪而言,若转子受到绕内环轴方向的外力矩 M 作用,陀螺主轴将绕外环轴转动;反之,若转子受到绕外环轴方向的外力矩作用,陀螺主轴将绕内环轴转动。即在陀螺的 x 轴作用外力矩,陀螺将在 y 轴产生进动角速度;在 y 轴作用外力矩,陀螺将在 x 轴的负方向产生进动角速度。

3. 陀螺力矩及陀螺动力效应

（1）陀螺力矩。

根据牛顿第三定律，当外界给陀螺施加力矩使它进动时，陀螺也必然存在反作用力矩，其大小与外力矩的大小相等，而方向与外力矩的方向相反，并且作用在给陀螺施加力矩的那个物体上。即陀螺在进动的同时也会产生反作用力矩 M_g 与外力矩 M 相平衡。

当给陀螺施加外力矩，企图使陀螺 H 低头时，H 并不低头，而是产生进动，同时还会有反作用的力矩作用，抵抗施加的力矩。这就是陀螺仪进动时产生的陀螺力矩。在力学世界中作用的力和力矩总是和反作用的力和力矩相平衡，给陀螺仪施加多大的力矩，就会相应地产生多大的进动；有多大的进动，就产生多大的陀螺力矩与施加的作用力矩相平衡。所以陀螺力矩的大小正好与外力矩相等，方向相反，这表示陀螺仪总是处于力矩平衡的状态。

陀螺进动时的反作用力矩通常称为陀螺力矩 M_g。对于高速旋转的物体，当自转轴改变方向时就会产生陀螺力矩的现象。

因为陀螺力矩 $M_g = -M$，所以可得

$$M_g = H \times \omega \tag{2.6}$$

当动量矩 H 与进动角速度 ω 相垂直时，陀螺力矩的大小等于

$$M_g = H\omega \tag{2.7}$$

陀螺力矩的方向如图 2.17 所示。

（2）陀螺动力效应。

由陀螺力矩所产生的外框架稳定效应称为陀螺动力效应。陀螺动力效应是陀螺仪转子自转轴处在进动状态时所表现出来的一种效应。陀螺动力效应对外框架有效，对内框架无效。

对陀螺外框架施加一外力矩，外力矩通过外框架传到内框架轴的一对轴承上，再通过内框架传到转子轴的一对轴承上，最后作用到转子轴上，则促使转子轴绕内框架轴进动。

图 2.17　陀螺力矩与进动角速度的关系

转子轴进动产生陀螺力矩，陀螺力矩通过转子轴上的一对轴承作用到内框架上，再通过内框架轴上的一对轴承传到外框架。当陀螺外框架所受外力矩与陀螺力矩大小相等方向相反时，外框架处于平衡静止状态。陀螺力矩所产生的这种外框架稳定效应即为陀螺动力效应。陀螺动力效应是陀螺仪转子自转轴处在进动状态时所表现出来的一种效应，如图 2.18 所示。

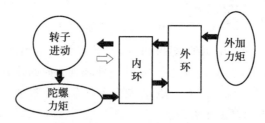

图 2.18　对陀螺外框架施加外力矩时动力效应表观

当人为对陀螺内框架施加外力矩时，外力矩通过内框架传到转子轴的一对轴承上，然后

传到转子上时,陀螺转子产生绕外框架轴的进动。虽然作用在内框架上的陀螺力矩与施加的外力矩大小相等方向相反,但是因为陀螺转子绕外框架轴进动,会带动内框架随着外框架一起转动。因此陀螺内框架不能表现出陀螺动力效应,如图 2.19 所示。

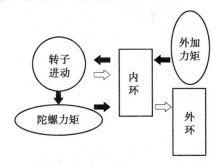

图 2.19　对陀螺外框架施加外力矩时没有动力效应表观

四、实验要求

(1)掌握二自由度陀螺仪有哪些基本特性。

(2)能利用陀螺特性解释生活中出现的陀螺效应。

五、实验内容及步骤

实验前准备事项:

(1)检查实验装置是否是在开始实验前要求的放置状态,即将内、外框架手动上锁,陀螺转子轴指向自己胸前,内、外框架处于正交状态。

(2)经指导教师检查通过后,打开实验装置的专用电源,给指定的实验装置顺序上电,等待所有指定的实验装置专用电源工作正常后,在指导教师的指导下按顺序进行以下几个实验项目。

1.验证二自由度陀螺定轴性

选取两台陀螺仪实验装置,其中一台不通电,一台已通电,做二自由度陀螺基本特性的对比实验。这里我们假定陀螺三个轴上的摩擦力矩很小,近似为零。

看没有通电,转子没有旋转起来的陀螺仪。

(1)检查实验装置是否恢复到开始实验前要求的放置状态,即将内外框架已手动上锁,陀螺转子轴指向自己胸前,并且要求内、外框架处于正交状态。

(2)手动解锁,然后任意缓慢摇转陀螺仪的基座,观察陀螺仪转动方向与运动状态。

可以看到由于陀螺仪框架轴承内摩擦的影响,将带动转子轴改变它原来的方位,使其随着支座一起运动,此时陀螺仪转子轴不具有指向性,如图 2.20 所示。

(3)绕外框架轴对陀螺施加一冲击力矩,观察陀螺仪转动方向与运动状态。

(4)绕内框架轴对陀螺施加一冲击力矩,观察陀螺仪转动方向与运动状态。

(5)分析转子没有高速旋转的二自由度陀螺是否有定轴性表观,为什么?

一个转子没有自转的二自由度陀螺,当绕外框架轴作用冲击力矩时,则陀螺绕外框架轴出现很大的转动,其转动方向与冲击力矩方向一致;当绕内框架轴作用冲击力矩时,则陀螺仪绕内框架轴出现很大的转动,其转动方向与冲击力矩方向一致。

上述现象说明没有通电的陀螺与非陀螺体一样，没有定轴性表观。

观察已经通电且转子高速旋转起来的陀螺仪。

(1) 当陀螺转子达到恒定转速时，手动解锁。

(2) 任意摇转陀螺仪基座(注意：绕 x、y、z 轴转动的角度不要超过 $\pm 30°$)，观察此时陀螺仪转子轴相对惯性空间的变化。

可以看到无论怎样摇动陀螺仪基座，虽然在框架轴承中仍有摩擦存在，但却观察不到转子轴原来的位置有明显的改变，而只能产生极缓慢的进动。但这种极缓慢的进动使转子轴方位在相当长的时间间隔内改变不多，如图 2.21 所示。

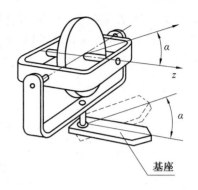

图 2.20 未通电时摇摆陀螺仪基座

(3) 将实验装置恢复到解锁前的放置状态，绕外框架轴施加一冲击力矩(注意施加的冲击力矩不能过大，以免损坏实验装置)，观察陀螺仪转子轴转动方向与运动状态。

(4) 将实验装置恢复到解锁前的放置状态，绕内框架轴施加一冲击力矩，观察陀螺仪转子轴转动方向与运动状态。

可以观察到，陀螺转子轴方位也没有明显的改变，转子轴只是做微小振荡及进动，这就是陀螺仪的稳定现象。上述实验验证了高速旋转起来的陀螺具有定轴性。

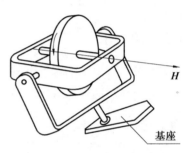

图 2.21 转子自转后摇动基座

(5) 分析转子高速旋转起来的陀螺是否具有定轴性表观，为什么?

当陀螺转子绕主轴高速旋转起来后，陀螺转子具备了较大的动量矩，根据动量矩定理，当陀螺转子所受的合外力矩为 0 时，动量矩相对惯性空间保持恒定不变，即转子自转轴指向相对惯性空间恒定不变，主轴的指向就会保持在其初始方向上，不随基座转动而改变。上述实验验证了高速旋转起来的陀螺具有定轴性。

2. 验证二自由度陀螺进动性实验

观察没有通电，转子没有旋转起来的陀螺仪。

(1) 将一个转子没有旋转的二自由度陀螺仪置于基座上(没有通电)。陀螺转子轴指向自己胸前，内外框架处于正交状态。

(2) 手动解锁，然后缓慢旋转陀螺仪基座，观察陀螺仪自转轴转动方向与运动状态。

(3) 将实验装置恢复到解锁前的放置状态，在陀螺仪的内框架上挂一重物，如图 2.22 所示。观察陀螺仪转子转动方向与运动状态。

(4) 将实验装置恢复到解锁前的放置状态，在陀螺仪的外框架上施加一外力矩，观察陀螺转子轴转动方向与运动状态。

(5) 将实验装置恢复到解锁前的放置状态，在陀螺仪的内框架上施加一外力矩，观察陀螺转子轴转动方向与运动状态。

(6) 分析一个转子没有自转的二自由度陀螺仪是否有进动性表观? 为什么?

无论你朝哪个方向拨动转子，它都是顺从地随着转动。如果在它的内框架上挂一重物，内框架就会失去平衡,转子和内框架一起在重物的作用下,绕内框架转动,这说明一个转子没有高速旋转的二自由度陀螺仪为非陀螺体,没有进动特性,继而没有进动性表观。

观察已经通电,转子高速旋转起来的陀螺仪。

(1) 陀螺仪通电,陀螺仪转子高速旋转起来,直到陀螺转子达到恒定转速,手动解锁。

(2) 在陀螺仪的内框架上挂一个重物,如图 2.23 所示,使陀螺产生进动力矩,这时请观察转子和内框架转动方向及运动状态。

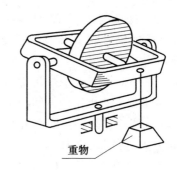

图 2.22　挂有重物的未通电二自由度陀螺仪

这时转子和内框架不再绕内框架轴转动,而是与外框架一起,绕外框架轴转动。这种现象即是陀螺的进动性表观。

(3) 用手指轻轻地分别给内、外框架施加外力矩,使其内、外框架恢复到解锁前的放置状态,当二自由度陀螺受外力矩作用时,若外力矩沿内框架轴向作用,请观察陀螺转动方向。

(4) 将实验装置恢复到解锁前的放置状态,当二自由度陀螺受外力矩作用时,若外力矩沿外框架轴向作用,请观察陀螺转动方向。

当转子高速旋转时,若绕内框架轴方向的外力矩作用于外框架,则陀螺转子连同内外框架一起绕外框架轴转动,如图 2.24 所示。

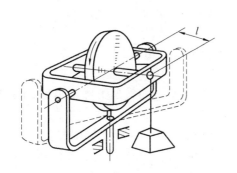

图 2.23　转子高速旋转的二自由度陀螺仪

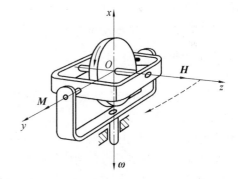

图 2.24　外力矩沿内框架轴方向作用时,转子轴的进动

反之,若绕外框架轴向的外力矩作用于内框架,则陀螺转子、内框架、外框架一起绕内框架轴转动,如图 2.25 所示。

(5) 请通过实验定性地验证进动方程的正确性。

3. 验证二自由度陀螺动力效应

观察没有通电,转子没有旋转起来的陀螺仪。用手指对陀螺仪的外框架(或内框架)施加力矩时,可以观察到外框架(或内框架)随着施力方向顺从地随着运动。

对于一个转子没有旋转的陀螺仪,它就是一个特殊的框架结构体,为非陀螺体,因此转子没有转动,也就不可能产生动力效应。此实验验证了没有通电,转子没有旋转起来的陀螺没有陀螺动力效应。

观察已经通电,转子高速旋转起来的陀螺仪。

(1) 陀螺仪通电,陀螺仪转子高速旋转起来,直到陀螺转子达到恒定转速,手动解锁。

(2) 在外框架施加外力矩,请观察 H 的变化方向及此时外框架和内框架的运动状态。

(3) 该实验是否验证了在外框架施加力矩时,有陀螺动力效应表观? 为什么?

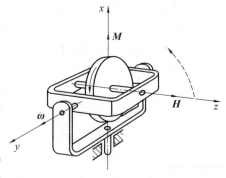

图 2.25　外力矩沿外框架轴向作用时,转子轴的进动

在外框架施加力矩,H 沿最短途径靠拢 ω 右手螺旋前进方向(即是陀螺力矩 M_g 的方向)。此时外框架不动,而内框架在进动。

该实验验证了作用力与反作用力大小相等,方向相反,分别作用在两个物体上,即

$$M_g = -M$$

该实验同时也验证了在外框架施加力矩时,陀螺有动力效应表观。

(4) 将实验装置恢复到解锁前的放置状态,在内框架施加外力矩,请观察 H 的变化方向,转子轴转动方向及运动状态,外框架和内框架的运动状态。

(5) 分析一下此时实验是否验证了牛顿第三定律? 该实验是否验证了在内框架施加力矩时,有陀螺动力效应表观? 为什么?

在内框架施加力矩时,其转子轴,即内框架在外框架的带动下一起转动。该实验验证了在内环施加力矩时,没有陀螺动力效应表观。

4. 验证二自由度陀螺章动现象

无论是在陀螺仪的内框架还是外框架施加冲击力矩时,它都会顺从地随着转动。

注意事项:

(1) 做该项实验时所有实验装置需断电,等待陀螺仪转子的转速下降至很低、很慢时,在指导教师的指导下方可进行。

(2) 给陀螺仪框架施加人为的冲击力矩时一定要适度,冲击力矩的作用时间要短。

给陀螺仪的外框架或内框架施加一个作用时间很短,力很大的冲击力矩时,其转子轴在做微幅高频周期性的振荡,不过此时不容易观察到,只有将转子的转速降至很低、很慢时,才能看到这种章动现象。

为了能够用肉眼观察到章动现象,只有将陀螺转子的转速降至很低。因此将已通电的陀螺仪断电,等待陀螺仪的转速降到很低时,再做该实验。

切断陀螺仪电源,等待陀螺的转速降到很低、很慢。给陀螺仪的外框架或内框架施加一个作用时间很短、力较大的冲击力矩。

可以明显地观察到陀螺仪在冲击力矩的作用下,其转子轴在空间的一个圆锥面上进动,并同时绕内、外两框架轴做高频、微幅周期性的振荡运动,其轨迹是一椭圆。

该实验验证了转子高速旋转的陀螺有章动现象。

作用于陀螺的干扰力矩是冲击力矩时,自转轴将在原来的空间方位附近做锥形振荡运动,即称之为章动。陀螺进动运动总是伴随着章动运动一起出现的。动量矩较大时,章动角频率很高,一般达每秒数百次以上,而振幅却很小,一般小于角分的量级。这说明陀螺自转

轴相对惯性空间的方位改变极小,稳定性很高。

六、实验报告

(1) 设陀螺仪的动量矩为 H,作用在陀螺仪上的干扰力矩为 M_d,陀螺仪漂移角速度为 ω_d,写出关系式说明动量矩 H 越大,陀螺漂移越小,陀螺仪的定轴性(即稳定性)越高。

(2) 在陀螺仪原理及其机电结构方面简要说明如何提高 H 的量值?

(3) 在外框架施加一沿 x 轴正方向作用力矩时,画出动量矩 H 的进动方向及矢量 M,ω, H 的关系坐标图。(设定 H 沿 z 轴正方向)并在坐标中标出陀螺仪自转轴的旋转方向 n,如图 2.26 所示。

(4) 在内框架施加一沿 y 轴正方向作用力矩时,画出动量矩 H 的进动方向及矢量 M,ω, H 的关系坐标图。(设定 H 沿 z 轴正方向)并在坐标中标出陀螺仪自转轴的旋转方向 n,如图 2.27 所示。

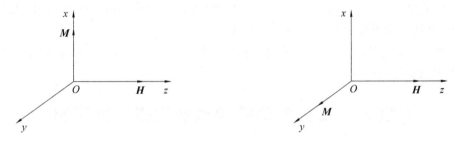

图 2.26　沿 x 轴正方向在外框架施加一外作用力矩　　图 2.27　沿 y 轴正方向在内框架施加一外作用力矩

(5) 若改变了陀螺仪自转轴的旋转方向 n,即 H 是沿坐标 z 轴的负方向,当在外框架沿 x 轴正方向施加一作用力矩时,画出其矢量 M,ω,H 的关系坐标图。并在坐标图中标出自转轴的旋转方向 n 和 H 的进动方向及陀螺力矩 M_g 的方向,如图 2.28 所示。

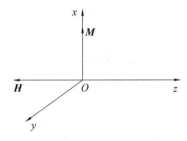

图 2.28　沿 x 轴正方向在外框架施加外作用力矩

(6) 如果人为地用手指给陀螺仪的内框架(内环)施加力矩时,对于陀螺仪内框架(内环)而言,为什么没有表现出陀螺动力效应?

七、实验注意事项

(1) 实验装置通电前陀螺仪的内外框架、转子及其他部件都处于自由状态,它是由一微小精密机械构件装配而成,禁止用力触摸、用力冲击实验装置的任何部件,要轻拿轻放,不得将实验装置倒置拿放,避免实验装置损坏。

(2) 电源使用注意事项:为防止四路陀螺马达同时启动给电源造成不必要的大负荷冲

击,本电源设计为 A,B,C,D 四路互锁链延时接通。当任意一路接通时,前面板"延时"灯亮。"延时"灯亮,余下未接通的几路由电路控制无法立刻接通。经过 2 min 左右,"延时"灯灭,余下未接通的几路方能接通。每路断电时不受此控制。

电源长时间通电后,尤其是环境温度较高时,关闭电源应先按下输出控制开关"关",过几分钟后再关闭电源开关,以便机箱内热量尽快排除。

（3）给每台实验装置依次按顺序通电,陀螺仪的转子高速旋转达到额定转速后,手动打开实验装置内外框架保护插销。注意实验中严禁用手指触摸转子,以免将手指擦伤。

（4）做定轴性实验,手持实验装置绕 x,y,z 轴做转动时,其转动角度不要超过 $\pm 30°$,避免损坏实验装置。

（5）做进动性实验时,用手指在内环或外环框架上施加人为外力矩时要轻,不要用力过猛过大,观其有进动效果即可,进动角度内、外环都不要超过 $\pm 20°$,以避免损坏实验装置的电器及机械部件。

（6）做陀螺动力效应实验时,用手指在外框架（外环）人为施加外力矩时要轻、力度要稳定,避免内环进动角速度过大,而损坏实验装置。

（7）做章动实验时,必须等待陀螺仪实验装置断电后其转子转速下降至很低（很慢）时在指导教师的指导下进行。

实验 3　二自由度陀螺运动规律研究实验

一、实验目的

（1）通过实验加深对二自由度机械陀螺仪的运动规律的理解。
（2）巩固和提高所学运动学、动力学知识,加深对复杂运动规律的认知。

二、仪器与设备

（1）YT3 − JM/JT 二自由度角速度陀螺仪表。
（2）小重物。
（3）电源。
（4）电路转换板。

三、实验原理

陀螺仪是一种具有比较复杂的运动学和动力学现象的装置。现采用固定在内框架上的动坐标系 $Oxyz$ 来研究转子的运动,如图 2.29 所示。

二自由度陀螺仪的技术方程为

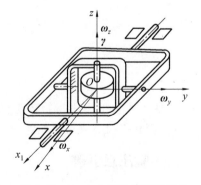

图 2.29　二自由度陀螺仪的运动

$$J_x\ddot{\alpha}\cos\beta + H\dot{\beta} = M_{x1}$$

$$J_y\ddot{\beta} - H\dot{\alpha}\cos\beta = M_y$$

(2.8)

经拉氏变换后,假设所有初始条件都为零,求解 α,β,得到

$$\alpha(s) = \frac{J_y}{J_x J_y s^2 + H^2} M_{x1}(s) + \frac{H}{s(J_x J_y s^2 + H^2)} M_y(s)$$

$$\beta(s) = \frac{J_y}{J_x J_y s^2 + H^2} M_y(s) + \frac{H}{s(J_x J_y s^2 + H^2)} M_{x1}(s)$$

$$(2.9)$$

由此可以分别得到从两个输入力矩到两个输出转角的四个传递函数。

（1）瞬时冲击力矩作用下陀螺仪的运动规律（图 2.30）。

脉冲力矩：δ — 函数，幅值无限大，时间宽度无限小。

$$M_{x1}(t) = M_{x1} \cdot \delta(t)$$

则系统方程的拉氏变换为

$$\left. \begin{array}{l} J_x s^2 \alpha(s) + H s \beta(s) = M_{x1} \\ J_y s^2 \beta(s) - H s \alpha(s) = 0 \end{array} \right\}$$

$$(2.10)$$

求解 $\alpha(s)$ 和 $\beta(s)$，得

$$\left. \begin{array}{l} \alpha(s) = \dfrac{J_x J_y \dot{\alpha}_1}{J_x J_y s^2 + H^2} = \dfrac{\dot{\alpha}_1}{H^2/(J_x J_y) + s^2} \\[3mm] \beta(s) = \dfrac{H J_x \dot{\alpha}_1}{s(J_x J_y s^2 + H^2)} = \dfrac{H \dot{\alpha}_1 / J_y}{s(H^2/(J_x J_y) + s^2)} \end{array} \right\}$$

$$(2.11)$$

其中 $\dot{\alpha}_1 = M_{x1}/J_x$，设 $J_x = J_y = J_z$，并令 $\omega_0{}^2 = H^2/(J_x J_y)$，式（2.11）经拉氏反变换得

$$\alpha(t) = \frac{\dot{\alpha}_1}{\omega_0} \sin \omega_0 t, \quad \beta(t) = \frac{\dot{\alpha}_1}{\omega_0} - \frac{\dot{\alpha}_1}{\omega_0} \cos \omega_0 t$$

因此，M_{x1} 导致转子轴绕着两个框架轴做振荡，有 90° 的相位差。从方程中消去 t，得到陀螺仪受到绕内环轴的脉冲响应轨迹方程：

$$\alpha^2 + \left[\beta - \frac{\dot{\alpha}_1}{\omega_0} \right]^2 = \left[\frac{\dot{\alpha}_1}{\omega_0} \right]^2 \qquad (2.12)$$

该振荡运动即为章动，章动角频率为 ω_0。

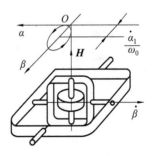

（2）阶跃常值力矩作用下陀螺仪的运动规律（图 2.31）。

以绕内环轴作用的外力矩为常值为例

$$M_y(t) = M_{y0} \cdot 1(t) \qquad (2.13)$$

图 2.30　冲击力矩作用下陀螺仪
的运动轨迹

假设所有的初始条件都为零，则频域形式的输出为

$$\alpha(s) = -\frac{H}{s(J_x J_y s^2 + H^2)} \cdot \frac{M_{y0}}{s}$$

$$\beta(s) = \frac{J_x}{J_x J_y s^2 + H^2} \cdot \frac{M_{y0}}{s}$$

$$(2.14)$$

设 $J_x = J_y = J_z$，并令 $\omega_{02} = H_2/(J_x J_y)$，经拉氏反变换得

$$\alpha(t) = -\frac{M_{y0}}{H} t + \frac{J_\varepsilon}{H^2} M_{y0} \sin \omega_0 t$$

$$\beta(t) = \frac{J_\varepsilon}{H} t - \frac{J_\varepsilon}{H^2} M_{y0} \cos \omega_0 t$$

$$(2.15)$$

陀螺仪的运动轨迹：

$$(\alpha+\frac{M_{y0}}{H}t)^2+(\beta-\frac{J_\varepsilon}{H^2}M_{y0})^2=(\frac{J_\varepsilon}{H^2}M_{y0})^2 \tag{2.16}$$

陀螺仪的运动规律为旋轮线(图 2.31)：章动(动态响应) + 进动(稳态响应)。

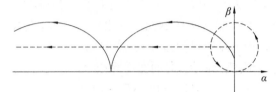

图 2.31　常值力矩作用下陀螺仪的运动规律

(3) 简谐变化力矩作用下陀螺仪的运动规律(图 2.32)。

如果外加力矩的方向不断变化，则可典型地用正弦函数描述：

$$M_{x1}(t)=M_{\alpha x}\sin\omega_a t$$

当初始条件为零时，频域的输出为

$$\begin{aligned}\alpha(s)&=\frac{J_yM_{0x}\omega_a}{(J_xJ_ys^2+H^2)(s^2+\omega_a{}^2)}\\ \beta(s)&=\frac{HM_{0x}\omega_a}{s(J_xJ_ys^2+H^2)(s^2+\omega_a{}^2)}\end{aligned} \tag{2.17}$$

令 $\omega_0{}^2=H^2/(J_xJ_y)$，由反拉氏变换，可得

$$\begin{aligned}\alpha(t)&=-\frac{M_{0x}\omega_a}{J_x\omega_0(\omega_0^2-\omega_a^2)}\sin\omega_0t+\frac{M_{0x}}{J_x(\omega_0^2-\omega_a^2)}\sin\omega_at\\ \beta(t)&=\frac{M_{0x}}{H\omega_a}+\frac{M_{0x}\omega_a}{H(\omega_0^2-\omega_a^2)}\cos\omega_0t-\frac{M_{0x}\omega_0^2}{H\omega_a(\omega_0^2-\omega_a^2)}\cos\omega_at\end{aligned} \tag{2.18}$$

设 $\omega_a\ll\omega_0$，$J_x=J_y=J_z$，则响应的表达式可以简化为

$$\begin{aligned}\alpha(t)&\approx\frac{M_{0x}}{H\omega_0}\sin\omega_at\\ \beta(t)&\approx\frac{M_{0x}}{H\omega_a}(1-\cos\omega_at)\end{aligned} \tag{2.19}$$

因此，M_{x1}强迫转子轴同时绕两个框架轴做振荡运动。消去时间变量 t 得到轨迹方程：

$$\left[\frac{\alpha}{\frac{J_yM_{0x}}{H^2}}\right]^2+\left[\frac{\beta-\frac{M_{0x}}{H\omega_a}}{\frac{M_{0x}}{H\omega_a}}\right]^2=1 \tag{2.20}$$

陀螺仪的进动运动总是伴随着章动运动一起出现的。由于陀螺仪的动量矩 **H** 较大，章动角频率较高，幅值较小，章动运动不是很明显。

图 2.32　变化力矩作用下陀螺仪的运动规律

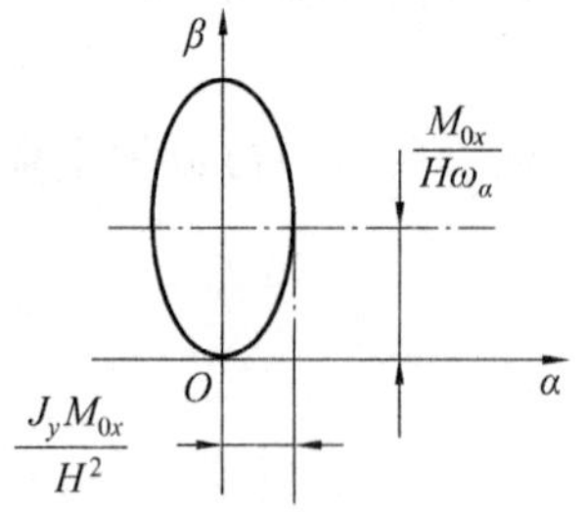

四、实验要求

(1) 掌握陀螺仪的理论基础及对其运动的描述，即欧拉角定义及各个角速度要熟记于心。

(2) 熟悉陀螺仪的运动微分方程。

五、实验内容及步骤

1. 陀螺的进动性及其规律分析

陀螺运动规律研究实验装置图如图 2.33 所示。

（1）启动陀螺电机,使陀螺转子达到恒定转速。

（2）将重物悬挂在陀螺外环不同挂钩处。观察陀螺转子轴的转动方向及转动角度大小,并记录施加的外力矩方向、陀螺转子轴的转动方向及转动角度大小。

（3）将重物悬挂在内环不同挂钩处。观察陀螺转子轴的转动方向及转动角度大小,并记录施加的外力矩方向、陀螺转子轴的转动方向及转动角度大小。

（4）改变施力的位置,重复第（2）、（3）步,观察实验现象并进行定量、定性分析。

图 2.33　陀螺运动规律研究实验装置图

（5）通过实验,你是否观察到了二自由度陀螺的进动性表观? 它是否有规律可循,它的规律是否符合 $\omega = M/H$?

2. 陀螺的稳定性（定轴性）

（1）启动二自由度陀螺,直到陀螺转子高速旋转。

（2）关闭电源,待陀螺转子转速降低,进行下一步实验。

（3）用铁锤在陀螺内环或外环上迅速猛击,观察并记录陀螺转子轴的变化。

（4）改变不同的方向,重复第（2）、（3）步操作,并记录观察结果。

（5）陀螺转子轴有何变化,能否观察到并给出陀螺的稳定性定义? 它与前面实验的进动性有何不同? 稳定性除了体现在实验中对短时冲击力矩的抗干扰性外,从 $\omega = M/H$ 分析陀螺稳定性还能体现在哪方面（从对陀螺漂移抗干扰方向考虑）?

六、实验报告

（1）写出陀螺仪的运动微分方程。这里需要考虑内环、外环、电机和主要连接件的质量和转动惯量,甚至系统的阻尼特性。

（2）设刚体相对惯性坐标系转动角速度在其固连动坐标系表达式为 $\boldsymbol{\omega} = \omega_x \boldsymbol{i} + \omega_y \boldsymbol{j} + \omega_z \boldsymbol{k}$,其角动量在此动坐标系中的表达式为 $\boldsymbol{H} = H_x \boldsymbol{i} + H_y \boldsymbol{j} + H_z \boldsymbol{k}$,受到的外力矩为 $\boldsymbol{M}$。试推导出刚体转动的欧拉方程式的矢量形式,叙述欧拉方程简化为陀螺技术方程的条件。

（3）总结实验结果和结论。

实验 4　光纤陀螺数据采集过程演示实验

一、实验目的

（1）通过实验,加深对萨格奈克效应及相关知识和概念的理解。

（2）为学生建立起惯性空间的概念,了解惯性器件的测量量是相对于惯性空间而言的。

(3) 学会分析光纤陀螺测量数据产生误差的原因。

二、仪器与设备

(1) 基于 FPGA 的 FOG－2B 型闭环光纤陀螺仪。

(2) 数据接收板。

(3) 电源。

(4) 计算机。

三、实验原理

光纤陀螺数据采集系统由基于 FPGA 的 FOG－2B 型闭环光纤陀螺仪、数据接收板、上位机、电源三部分组成。如图 2.34 所示。

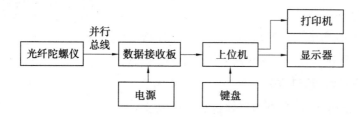

图 2.34　光纤陀螺数据采集系统总体框图

FOG－2B 型闭环光纤陀螺仪是一种基于 FPGA 的中精度闭环光纤陀螺仪,输入敏感轴(IRA)为垂直向上方向,属于固态陀螺仪。陀螺数据接收板实时完成光纤陀螺并行数据的接收工作,把光纤陀螺输出的并行数据经过并－串转换以后通过 RS232 串行模式输出给 PC 机,如图 2.35 所示。数据接收板中的高性能单片机采用 AT89S52,它具有灵活性高、使用方便、价格低廉等优点。

光纤陀螺及接收板供电电源采用朝阳电源 AC/DC 系列一体化线性电源。如图 2.36 所示,具有效率高、品质优、纹波小、可靠性高、安全性高等特点,参数见表 2.3。

图 2.35　陀螺数据接收板

图 2.36　电源 4NIC—X37.5

表 2.3　电源参数表

项　目	性能参数
输入电压	220 VAC±10%　单相
频　率	50 Hz/400 Hz
输出电压	DC 5 V 4 A，　−5 V 0.5 A　　隔离
	DC 15 V 0.5 A，　−15 V 0.5 A　　共地
输出功率	2～1 500 W

计算机系统是整个计算机数据采集系统的核心。上位机控制整个计算机数据采集系统的正常工作,并且把 A/D 转换器输出的结果读入到内存,进行必要的数据分析和数据处理。上位机的程序采用 C++Builder 编写,其主要特点是对底层操作简单,界面友好,可以实时数据采集并显示光纤陀螺的输出信号,并可进行实时在线滤波,采集的数据自动保存。

四、实验要求

(1)掌握萨格奈克干涉仪转速测量原理。

(2)掌握光纤陀螺数据采集系统工作原理。

五、实验内容及步骤

(1)先把光纤陀螺接口线的公插头(DB25−M)紧插到接口板的母插头(DB25−F)上;把串口连接插头插到计算机的 COM₁ 口。

(2)接通总电源,按照次序打开稳压电源开关、光纤陀螺电源开关,光纤陀螺开始工作。

(3)打开计算机,进入“数据采集系统”文件夹。运行 Test.exe 测试程序,程序首先进行检测和各项初始化工作,然后进入数据采集系统实验窗口主界面。程序主界面包括接收数据显示面板、数据显示曲线、接收数据数量显示以及控制按钮等。主界面如图 2.37 所示。

①“开始”按钮:只要点击“开始”按钮,即启动测试实验程序,执行完程序后,在显示区域内显示相应的曲线。

②“停止”按钮:程序在执行的过程中,只要点击“停止”按钮,程序不再往下继续执行,停止测试实验。

③“清除数据”按钮:点击“清除数据”按钮将显示区域内显示的曲线清除,以备下次使用。

④“退出”按钮:点击“退出”按钮,将退出数字控制系统实验程序。

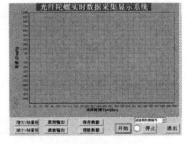

图 2.37　数据采集系统实验窗口主界面

⑤“接收数据”显示窗口:动态显示当前光纤陀螺实际的角速率,以(°)/s 为单位。

⑥“滤波数据输出”显示窗口:动态显示当前软件对采集到的光纤陀螺数据进行滤波处理,处理结果实时输出显示,以(°)/s 为单位。

(4)点击“开始”按钮,这时会弹出一个“请选择测试陀螺编号”的提示框,点击“确定”,然后在“请选择测试陀螺编号”的复选框中选择对应的测试陀螺编号。确定编号后,系统即进入数据采集显示状态。

（5）观察数据曲线，记录实验数据。在数据采集系统主界面上的显示区域内显示相应的角速率与时间曲线：横坐标轴显示为时间（单位为 s）；纵坐标轴显示为角速率（单位为 (°)/s）。系统默认的是原始数据采集与显示。点击"滤波输出"，则软件对采集到的光纤陀螺数据进行滤波处理，处理结果实时输出显示。点击"原始输出"，则回到原始数据采集与显示状态。

点击"扩大 Y 轴量程"或"减小 Y 轴量程"，可以放大或缩小 y 轴范围，以便更好地观察数据曲线波形。

（6）给光纤陀螺仪一个振动干扰，观察计算机显示出的波形。

（7）测算地球自转角速度。

请观察数据采集系统测试陀螺仪静态时的输出数据曲线。在理论上上述数据应包含陀螺敏感地球自转角速度在垂直方向上的分量、光纤陀螺常值漂移、光纤陀螺随机漂移等部分。请求出地球自转角速度。

当地的纬度 $\varphi = 45.745\,5°$，光纤陀螺常值漂移为 $0.3(°)/h$，光纤陀螺随机漂移大致小于 $0.1(°)/h$。

（8）测试结束后，请按照次序先关闭激光陀螺测试仪电源开关、稳压电源开关，再关闭总电源。

六、实验报告

（1）萨格奈克效应的基本含义是什么？

（2）记录实验测得的数值，将其填入表 2.4。

（3）根据上述数据，请计算出地球自转角速率。

（4）教学光纤陀螺静态时测的是哪个方向的转动角速率？

（5）观测计算机屏幕显示的数据曲线，试说明滤波后的曲线与滤波前的曲线有什么不同？

表 2.4　光纤陀螺仪实时测量数据

运转角速率	最高值	最低值	标准差	平均值

（6）实验中光纤陀螺仪是角速度传感器还是角位移传感器？

（7）试说明实验中闭环光纤陀螺数据采集系统工作原理。

（8）试分析闭环光纤陀螺数据采集系统的主要误差源。

七、实验注意事项

（1）使用时应做到先检查接口是否正确，电源是否正确，然后再将电缆接上。

（2）将被测陀螺的输出串口接于测试计算机的串口 COM_1 上，插牢。

（3）测试显示软件是基于多线程编写的,因此测试时最好减少计算机其他程序运行的数量。

实验 5　光纤陀螺仪常值漂移测试实验

一、实验目的

（1）光纤陀螺仪涉及的基本物理概念非常多,如光的反射与折射、光程、干涉、偏振、光电效应等。通过实验,使学生加深对光纤陀螺结构特点、测速原理以及上述相关概念的理解。

（2）学习光纤陀螺常值漂移测试方法。

二、仪器与设备

（1）VG910 型光纤陀螺仪。

（2）可调试开关稳压电源。

（3）HEWLETT 3458A 高精度数字电压表。

三、实验原理

零偏误差(Null Shift)又称零位漂移,是指输入角速度为零时,光纤陀螺仪的频差输出。一般是用输出脉冲频率的平均值折合成输入角速度的大小来表示,其单位为(°)/h 。零偏可以被假定为一个常值,是系统不能补偿掉的常值漂移部分。

产生零偏误差的原因很复杂,其中主要原因是所谓的朗缪尔(Langmuir)流效应;其次由多模耦合效应引起的非单模工作状态、沿激光管壁的温度梯度、自锁区不稳以及逆顺时针转动时不对称等因素,也会造成零偏误差;此外外界磁场对零偏误差也有很大影响,因此在仪表结构中应采取有效的磁屏蔽措施。

四、实验内容及步骤

（1）打开电源,将陀螺预热 30 min。

（2）将该陀螺的输出直接连接到高精度数据电压表的输入端,在温度为 30 ℃的情况下进行测试,采样间隔为 5 s,测试时间为 50 min,共进行 10 次测量,剔除趋势项后得到一批数据见表 2.5。

（3）根据标度因数,可计算出电压值所对应的角速度。因测量的数据包含陀螺敏感地球自转角速度分量、光纤陀螺常值漂移、光纤陀螺随机漂移三部分,为了分析光纤陀螺的性能,必须去掉陀螺敏感地球自转角速度的分量。地球自转角速度分量在陀螺输出为

$$OUT = K\cos \varphi \omega_{ie}$$

式中,ω_{ie} 为地球自转角速度,$\omega_{ie} = 15.041\ 07(°)/h$;$K$ 为光纤陀螺刻度因子,$K = 10\ mV/(°)/s$;φ 为当地的纬度,$\varphi = 45.745\ 5°$。

所以可以得出地速分量 OUT 的值(单位为 mV),光纤陀螺随机漂移大致小于 0.1(°)/h,请按 0.1(°)/h 计算。

（4）求出陀螺测试数据的均值,测试数据方差等,进而求出该陀螺常值漂移。

(5)手动转动光纤陀螺,通过数字电压表反映干涉光强的变化,同时演示萨格奈克效应模拟光路。将电压输出端与示波器连接,手动转动光纤陀螺仪(转轴需与光纤线圈轴平行),可观察电压振幅的变化。注意:左右转动不要超过30°,因为后面有连线。

(6)测试结束后,请按照次序先关闭光纤陀螺测试仪电源开关、稳压电源开关,再关闭总电源。

五、实验报告

(1)简要说明光纤陀螺仪工作原理。

(2)记录实验测得的数值,并进行统计分析,计算光纤陀螺常值漂移数值。

表 2.5　实验测量数据　　　　　　　　　　　　　　　mV

采样次数	1	2	3	4	5	6	7	8	9	10
测试数据										

(3)通过实验,分析数字电压表读数变化与陀螺的哪个变化量有关,有什么规律可循?

(4)根据数据进行误差分析,陀螺精度分析,确定陀螺最佳工作点。

(5)陀螺测量信号去掉常值分量后,为陀螺随机漂移,请观察并判断一下陀螺随机漂移能否保持正态分布?

六、实验注意事项

(1)测试检测点信号时,建议在开电前将外部测量仪器的地线接入检测点的地,若在测试过程中接入,可能导致显示屏白屏,需要重新开电。

(2)进行精确测试过程中,请勿接触任一检测点,以确保没有任何外界碰触陀螺平台。

(3)操作设备时,防止静电击损。

(4)接入高压后,每次开电与断电时间间隔应保证大于 30 s。

(5)通电状态下,请勿插拔串口线、陀螺接口线和高压线。

(6)请勿拆卸陀螺测试仪器箱和陀螺本体。

第 3 章　陀螺仪综合类测试实验

陀螺仪综合类测试实验揭示了惯性测量的本质,加深了学生对所学惯性测量基本概念的理解和掌握,培养学生将理论与实际相结合的能力、动手能力和分析问题、解决问题的能力。

实验 1　单自由度液浮陀螺静态漂移测试实验

一、实验目的

(1)掌握单轴测速转台的基本功能和使用方法。

(2)研究单自由度液浮陀螺仪误差特性,分析力学误差产生的内、外机理,通过实验,对陀螺仪误差响应规律进行分析,确定其误差模型。

(3)通过静态漂移系数标定的翻滚法测试单自由度液浮陀螺仪静态漂移。

二、仪器与设备

(1)单自由度液浮陀螺仪。

(2)单轴测试转台。

(3)电源。

三、实验原理

通常把由于干扰力矩作用在工作中的陀螺仪输出轴上而引起的陀螺仪进动现象称为陀螺仪的漂移。单位时间内的漂移量称为漂移率。陀螺的漂移根据其特性,通常分为以下两大类。

一类为有规律漂移(系统漂移)。使陀螺仪产生大小与方向保持不变的固定漂移或大小与方向遵循一定规律变化的漂移,称为有规律漂移。有规律漂移又包括静态漂移和动态漂移。它的数值大小、变化规律可以通过试验或分析的方法而求得。引起这种漂移的干扰力矩,一般可以在陀螺仪的力矩器中通入适当电流加以补偿,因而使陀螺仪的漂移率降低到最小限度。

另一类为随机漂移。使陀螺仪在一次启动长时间运行中或者各次启动运行中,大小与方向没有一定规律可循的漂移,称为随机漂移。随机漂移一般由轴承的噪声、摩擦、温度梯度等引起的随机干扰力矩而产生。这种力矩没有一定的规律性,因此不能用简单的方法进行补偿。随机漂移率的大小是衡量陀螺仪性能的主要参数,通常都将用均方根误差 δ(单位为 $(°)/h$)来表示的随机漂移率作为陀螺仪的精度指标。目前,动力调谐陀螺仪的随机漂移率一般为 $0.001\sim1(°)/h$。

　　为了评价陀螺仪的性能和提高陀螺仪的精度,需要对陀螺仪进行测试,并且对陀螺系统漂移和随机漂移做精确分析,从而进行误差补偿。

　　陀螺仪的漂移模型也称为陀螺仪的误差模型。所谓漂移模型就是指描述陀螺仪漂移变化规律的数学表达式。陀螺仪的漂移模型有数学模型和物理模型之分,还有静态误差模型、动态误差模型和随机误差模型之分。某种特定类型的陀螺仪,如果已经建起了漂移模型,那么只须通过试验确定出漂移模型中的未知参数,则这只陀螺仪漂移的规律就完全已知了。这时可根据陀螺仪漂移的这一规律进行补偿,就会使陀螺仪的漂移率大大降低,也就是大大提高了精度,同时给进一步改进设计和调整参数提供了具体数据。因此,建立陀螺仪的漂移模型是一件很有意义的事。

单自由度液浮陀螺仪的静态误差模型推导

　　作用在陀螺上的干扰力矩是由很多因素引起的,如温度、电场、磁场、比力等。这些因素有的可以通过适当的控制或补偿使其影响减到最小,有的则难以控制(如比力)。因此研究干扰力矩时,常以比力作为基准分成与之有关的和无关的两大类。

　　若采用如图 3.1 所示的坐标系,沿输入轴 x、输出轴 y 和转子轴 z 的比力分量分别用 f_x, f_y 和 f_z 代表,设陀螺动量矩为 $\boldsymbol{H}$,绕输出轴的干扰力矩为 $\boldsymbol{M}_\mathrm{d}$,单自由度液浮陀螺仪的静态漂移误差为

$$\omega_\mathrm{d} = -\frac{M_\mathrm{d}}{H} \tag{3.1}$$

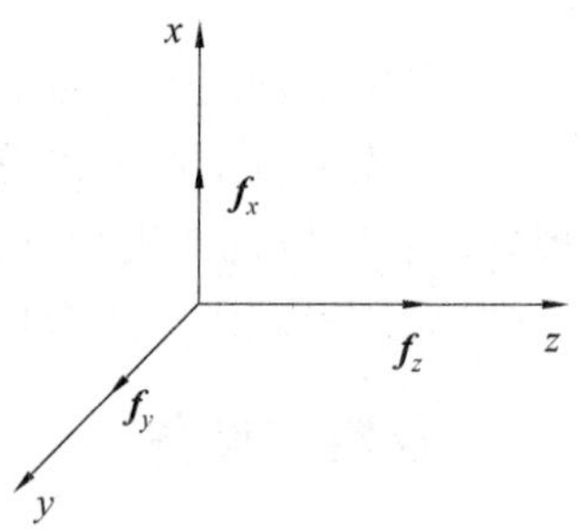

　　干扰力矩 $\boldsymbol{M}_\mathrm{d}$ 可以表示为由三个有规律的力矩分量组成

$$M_\mathrm{d} = M_\mathrm{d0} + M_\mathrm{d1} + M_\mathrm{d2} \tag{3.2}$$

图 3.1　单自由度液浮陀螺仪坐标系

式中　　M_d0——对比力不敏感的干扰力矩;

　　　　M_d1——对比力一次方敏感的干扰力矩;

　　　　M_d2——对比力平方敏感的干扰力矩。

　　对比力不敏感的干扰力矩是由软导线弹性约束、传感器的电磁反作用力矩等引起的。

　　对比力一次方敏感的干扰力矩是由质量分布不均匀和浮液对流运动等因素引起的。设框架组件的质量为 m_B,质心偏离支承中心的距离沿各轴分量为 l_x, l_y, l_z,则绕输出轴 y 的质量不平衡力矩的表达式为

$$M_\mathrm{d1} = m_\mathrm{B} l_x f_x - m_\mathrm{B} l_z f_z \tag{3.3}$$

　　与比力二次方成比例的干扰力矩是由构件的不等弹性引起的。设框架组件沿陀螺仪各轴的柔性系数为 K_{xx}, K_{yy}, K_{zz},则框架组件质心弹性变形位移可表示为

$$\begin{Bmatrix} s_x \\ s_y \\ s_z \end{Bmatrix} = m_\mathrm{B} \begin{bmatrix} K_{xx} & K_{xy} & K_{xz} \\ K_{yx} & K_{yy} & K_{yz} \\ K_{zx} & K_{zy} & K_{zz} \end{bmatrix} \begin{Bmatrix} f_x \\ f_y \\ f_z \end{Bmatrix} \tag{3.4}$$

　　绕框架轴 y 的非等弹性力矩的表达式为

$$M_\mathrm{d2} = m_\mathrm{B}^2 K_{zy} f_x f_y - m_\mathrm{B}^2 K_{xy} f_y f_z + m_\mathrm{B}^2 (K_{zz} - K_{xx}) f_z f_x + \\ m_\mathrm{B}^2 K_{zx} f_x^2 - m_\mathrm{B}^2 K_{xx} f_x^2 \tag{3.5}$$

　　将式(3.6)、(3.4)代入式(3.3)后再代入式(3.2),单自由度陀螺仪漂移误差的表达式为

$$\omega_{\mathrm{d}} = -\frac{M_{d0}}{H} - \frac{m_{\mathrm{B}} l_z}{H} f_x + \frac{m_{\mathrm{B}} l_x}{H} f_z - \frac{m_{\mathrm{B}}^2 K_{zy}}{H} f_x f_y + \frac{m_{\mathrm{B}}^2 K_{xy}}{H} f_y f_z +$$

$$\frac{m_{\mathrm{B}}^2 (K_{xx} - K_{zz})}{H} f_z f_x - \frac{m_{\mathrm{B}}^2 K_{xz}}{H} f_x{}^2 + \frac{m_{\mathrm{B}}^2 K_{xz}}{H} f_z{}^2 \qquad (3.6)$$

一般情况下,常把上述静态漂移数学模型改写成如下形式:

$$\omega_{\mathrm{d}} = D_0 + D_x f_x + D_z f_z + D_{xy} f_x f_y + D_{yz}$$

$$f_y f_z + D_{zx} f_z f_x + D_{xx} f_x{}^2 + D_{zz} f_z{}^2 \qquad (3.7)$$

然而,对试验数据分析结果表明,在某些情况下,会出现上面八个误差项之外的漂移误差项。由此得到如下的陀螺仪静态漂移误差数学模型:

$$\omega_{\mathrm{d}} = K_0 + K_x a_x + K_y a_y + K_z a_z + K_{xy} a_x a_y +$$

$$K_{yz} a_y a_z + K_{zx} a_z a_x + K_{xx} a_x{}^2 + K_{yy} a_y{}^2 + K_{zz} a_z{}^2 \qquad (3.8)$$

式中　ω_{d}——陀螺仪的漂移速率误差,(°)/h;

　　　K_0——常值漂移,(°)/h;

　　　K_x, K_y, K_z——与比力成正比的漂移系数,(°)/(h · g^2);

　　　K_{xx}, K_{yy}, K_{zz}——与比力平方成正比的漂移系数,(°)/(h · g^2);

　　　K_{xy}, K_{yz}, K_{zx}——与比力交叉项乘积成正比的漂移系数,(°)/(h · g^2);

　　　a_x, a_y, a_z——分别为沿陀螺仪相应轴的加速度,g。

陀螺仪静态漂移测试时,大多采用 8 个误差项的模型,在对陀螺仪精度要求不是那么高的情况下,可以选用 4 个误差项的模型,当要求陀螺仪精度很高时,则应选用 10 个误差项的模型。

陀螺仪的静态漂移误差主要是由质量不平衡引起的与比力一次方成比例的干扰力矩、由结构的不等弹性引起的与比力二次方成比例的干扰力矩,以及工艺误差等因素引起的干扰力矩。在已知陀螺仪的误差模型后,只需在实验室条件下标定出误差模型中的漂移系数,则陀螺仪在相应环境条件下的性能便可预测出来。

四、实验内容及步骤

(1)将陀螺仪安装在陀螺仪测试夹具上,输入轴垂直于转台轴,将转台轴平行于地轴,如图 3.2 所示。

(2) 使陀螺仪输出轴 OA 平行于转台轴,陀螺仪输入轴 IA 和转子轴 SA 垂直转台轴安装,初始时 IA 指东,转台转角 θ 以顺时针方向增量为正。

(3)在如图 3.2 所示的安装方式下有

$$f_x = -g \cos \varphi \sin \theta$$
$$f_y = -g \sin \varphi \qquad (3.9)$$
$$f_z = -g \cos \varphi \cos \theta$$

则

$$i_{d1} = \left[D_0 - D_y g \sin \varphi + \frac{1}{2} D_{xx} g^2 \cos^2 \varphi + \frac{1}{2} D_{zz} g^2 \cos^2 \varphi \right] +$$

$$\left[-D_z g \cos \varphi + \frac{1}{2} D_{yz} g^2 \sin 2\varphi \right] \cos \theta +$$

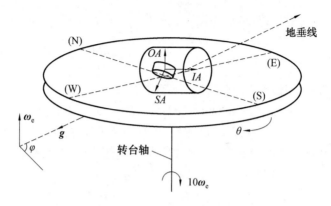

图 3.2　液浮陀螺仪翻滚实验示意图之一

$$[-D_x g\cos\varphi + \frac{1}{2}D_{xy}g^2\sin 2\varphi]\sin\theta +$$

$$[-\frac{1}{2}D_{xx}g^2\cos^2\varphi + \frac{1}{2}D_{zz}g^2\cos^2\varphi]\cos 2\theta +$$

$$\frac{1}{2}D_{xx}g^2\cos^2\varphi\sin 2\theta =$$

$$A_{01} + A_{11}\cos\theta + B_{11}\sin\theta + A_{21}\cos 2\theta + B_{21}\sin 2\theta \qquad (3.10)$$

（4）使转台以 $10\omega_e$ 与地球自转方向反向恒速旋转。记录电流 $i_{d1}(\theta)$ 曲线。

（5）将陀螺仪绕其 IA 轴的初始位置翻滚 $180°$ 安装在转台上，如图 3.3 所示，其他条件不变，重复上述试验。

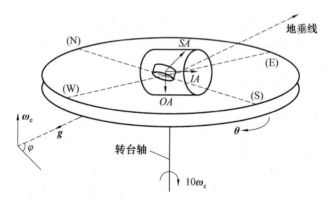

图 3.3　液浮陀螺仪翻滚实验示意图之二

（6）在如图 3.3 所示的安装方式下

$$f_x = -g\cos\varphi\sin\theta, \quad f_y = g\sin\varphi, \quad f_z = g\cos\varphi\cos\theta \qquad (3.11)$$

则有

$$i_{d2} = [D_0 + D_y g\sin\varphi + \frac{1}{2}D_{xx}g^2\cos^2\varphi + \frac{1}{2}D_{zz}g^2\cos^2\varphi] +$$

$$[D_z g\cos\varphi + \frac{1}{2}D_{yz}g^2\sin 2\varphi]\cos\theta +$$

$$[-D_x g\cos\varphi - \frac{1}{2}D_{xy}g^2\sin 2\varphi]\sin\theta +$$

$$\left[-\frac{1}{2}D_{xx}g^2\cos^2\varphi+\frac{1}{2}D_{zz}g^2\cos^2\varphi\right]\cos 2\theta+$$

$$\left(-\frac{1}{2}D_{xz}g^2\cos^2\varphi\right)\sin 2\theta=$$

$$A_{02}+A_{12}\cos\theta+B_{12}\sin\theta+A_{22}\cos 2\theta+B_{22}\sin 2\theta \tag{3.12}$$

使转台以 $10\omega_{ie}$ 与地球自转方向反向恒速旋转。记录电流 $i_{d2}(\theta)$ 曲线。

(7)使转台轴平行当地地垂线,陀螺仪输出轴平行于转台轴向上,输入轴 IA 指东(E),转台固定不动。如图 3.4 所示。

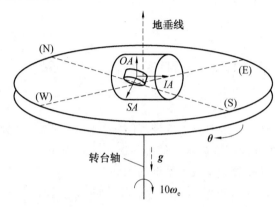

图 3.4　液浮陀螺仪翻滚实验示意图之三

(8)在如图 3.4 所示的安装方式下

$$f_x=0,\quad f_y=-g,\quad f_z=0 \tag{3.13}$$

则有

$$i_{d3}=D_0-D_yg \tag{3.14}$$

使转台以 $10\omega_{ie}$ 与地球自转方向反向恒速旋转。记录电流 $i_{d3}(\theta)$ 曲线。

(9)将陀螺仪绕 IA 轴转 180°安装,其他条件不变,重复上述试验。

此时有

$$f_x=0,\quad f_y=g,\quad f_z=0 \tag{3.15}$$

则有

$$i_{d4}=D_0+D_yg \tag{3.16}$$

使转台以 $10\omega_{ie}$ 与地球自转方向反向恒速旋转。记录电流 $i_{d4}(\theta)$ 曲线。

(10)通过 i_{d1} 及 i_{d2} 的各次谐波幅值,可以计算出 A_{01},A_{11},B_{11},A_{21},B_{21} 和 A_{02},A_{12},B_{12},A_{22},B_{22}。

$$D_0 = \frac{1}{2}k(i_3 + i_4)$$

$$D_x = -(B_{11} + B_{12})/2g\cos\varphi$$

$$D_y = (i_4 - i_3)/2g$$

$$D_z = (A_{12} - A_{11})/2g\cos\varphi$$

$$D_{xx} = [A_{01} + A_{02} - A_{21} - A_{22} - k(i_3 + i_4)]/2g^2\cos^2\varphi \qquad (3.17)$$

$$D_{zz} = [A_{01} + A_{02} + A_{21} + A_{22} - k(i_3 + i_4)]/2g^2\cos^2\varphi$$

$$D_{xy} = (B_{11} - B_{12})/g^2\sin 2\varphi$$

$$D_{xz} = 2B_{22}/g^2\cos^2\varphi$$

$$D_{yz} = (A_{11} + A_{12})/g^2\sin 2\varphi$$

根据式(3.17),求出了单自由度液浮陀螺仪的静态漂移系数。

五、实验报告

(1)通过实验数据分析,给出单自由度液浮陀螺仪的静态漂移系数。

(2)试分析陀螺仪在进行翻滚试验时的主要误差源有哪些?

(3)在翻滚试验中,力反馈电流大小是谁的函数?

(4)若对精度为 $0.01(°)/h$ 的陀螺仪进行翻滚试验,要求转台速率平稳性在 $10^{-3} \sim 10^{-4}$ 之间,若使用高精度单轴转台来进行翻滚试验,带来的误差是否可以忽略不计?

实验 2　单轴干涉型光纤陀螺仪性能测试综合实验

一、实验目的

(1)了解光纤陀螺的性能指标及测试方法。

(2)学习在速率转台上进行陀螺的零偏、标度因数及阈值等参数的综合测试。

(3)熟悉转台等测试装置的使用方法。

二、仪器与设备

(1)单轴干涉型光纤陀螺仪。

(2)转台等(见具体的测试步骤)。

三、实验原理

干涉型光纤陀螺仪以萨格奈克效应为基础,由光纤环圈构成干涉仪型角速度测量装置。当绕其光纤环圈等效平面的垂线旋转时,在环圈中以相反方向传输出的两束相干光之间产生相位差,其大小正比于该装置相对于惯性空间的旋转角速度,通过检测输出光干涉强度,即反映出角速度的变化。

由 IEEE 标准给出的光学陀螺输入输出模型为

$$S_0(\Delta N/\Delta t) = (I + E + D)(1 + 10^{-6}\varepsilon_k)^{-1} \qquad (3.18)$$

式中　S_0——标称的标度因子,$(")/P$;

$\Delta N/\Delta t$——输出脉冲速率，P/s；

I——输入角速度，$(''){/}\mathrm{s}$；

E——环境敏感误差，主要由温度变化引起，$(''){/}\mathrm{s}$；

D——漂移误差，$(''){/}\mathrm{s}$；

ε_k——标度因子误差，10^{-6}。

根据上述模型方程，表征光学陀螺的主要性能指标有标度因数、零偏、零漂、随机游走系数，其中后三项用于描述光学陀螺输出中的漂移误差。

1. 术语定义和符号

《惯性技术术语》(GJB 585A—1998) 确立的下列术语、定义和符号适用于本书。

(1) 陀螺输入轴：垂直于光纤环圈等效平面的轴。当光纤陀螺仪绕该轴有旋转角速度输入时，产生光纤环圈相对惯性空间输入角速度的输出信号。

(2) 标度因数：陀螺仪输出量与输入角速度的比值，通常取 $(''){/}\mathrm{P}$（脉冲数，角秒）的量纲。

(3) 标度因数非线性度：在输入角速度范围内，光纤陀螺仪输出量相对于最小二乘法拟合直线的最大偏差值与最大输出量之比。

(4) 零偏：当输入角速度为零时陀螺仪的输出。以规定时间内测得的输出量平均值相应的等效输入角速度来表示，习惯上取 $({}^{\circ}){/}\mathrm{h}$ 的量纲。

(5) 零漂：又称为零偏稳定性。通常，静态情况下光学陀螺长时间稳态输出是一个平稳随机过程，即稳态输出将围绕零偏起伏和波动，表示这种起伏和波动的标准差被定义为零漂。零漂值的大小标志着观测值围绕零偏的离散程度，其单位用 $({}^{\circ}){/}\mathrm{h}$ 表示。

(6) 零偏稳定性：当输入角速度为零时，衡量光纤陀螺仪输出量围绕其均值的离散程度。以规定时间内输出量的标准偏差相应的等效输入角速度表示，也可称为零漂。

(7) 零偏重复性：在同样条件下及规定间隔时间内，多次通电过程中，光纤陀螺仪零偏相对其均值的离散程度。以多次测试所得零偏的标准偏差表示。

(8) 零偏温度灵敏度：相对于室温零偏值，由温度变化引起光纤陀螺仪零偏变化量与温度变化量之比，一般取最大值表示。

(9) 随机游走系数：表征光纤陀螺仪中角速度输出白噪声大小的一项技术指标，它反映的是光纤陀螺仪输出的角速度积分（角度）随时间积累的不确定性（角度随机误差），因此也可称为角随机游走。

(10) 频带宽度：光纤陀螺仪频率特性测试中，规定在测得的幅频特性中幅值降低 3 dB 所对应的频率范围。

(11) 输出延迟时间：光纤陀螺仪信号输出相对信号输入的延迟时间中与输入频率无关的部分。

(12) 启动时间：光纤陀螺仪在规定的工作条件下，从加电开始至达到规定性能所需要的时间。

(13) 预热时间：针对带温控的高精度光纤陀螺仪的一项技术指标，光纤陀螺仪在规定的工作条件下，从加电开始至达到规定性能所需要的时间。

下列符号适用于本标准：

A——角度到激光干涉仪输出电压的比例因子；

$\bar{B}_0$——零偏平均值,$(°)/h$;

B_{0i}——第 i 次测试的零偏,$(°)/h$;

B_0——零偏,$(°)/h$;

B_r——零偏重复性,$(°)/h$;

B_s——零偏稳定性,$(°)/h$;

B_{oi}——第 i 个试验温度点的光纤陀螺仪零偏,$(°)/h$;

B_{om}——室温下的光纤陀螺仪零偏,$(°)/h$;

B_t——零偏温度灵敏度,$(°) \cdot ℃ \cdot h^{-1}$;

B_W——频带宽度,Hz;

$F_{(1-)}$,$F_{(2-)}$——分别在第一、二种安装位置上,转台反转若干圈光纤陀螺仪输出量的平均值;

$F_{(1+)}$,$F_{(2+)}$——分别在第一、二种安装位置上,转台正转若干圈光纤陀螺仪输出量的平均值;

$F_{(t)}$——光纤陀螺仪在 t 时刻的输出值;

$\bar{F}$——光纤陀螺仪输出量的平均值;

F_0——拟合零位;

$F_i(t_0)$——光纤陀螺仪在第 i 个采样点的输出值;

F_i——光纤陀螺仪在 t_i 时刻输出的单边幅值;

F_{jp}——光纤陀螺仪第 p 个输出值;

F_j——第 j 个输入角速度 Ω_{ij} 时光纤陀螺仪输出值;

F_L——光纤陀螺仪在角振动台允许最低频率时输出的单边幅值;

F_m——光纤陀螺仪输出的单边幅值;

$\bar{F}_e$——测试结束时,光纤陀螺仪输出的平均值;

$\bar{F}_s$——测试开始时,光纤陀螺仪输出的平均值;

$\hat{F}_j$——第 j 个输入角速度 Ω_{ij} 所对应拟合直线上计算的光纤陀螺仪输出值;

$\bar{F}_r$——转台静止时,光纤陀螺仪输出的平均值;

G_i——第 i 个频率下测试的光纤陀螺仪幅值增益;

K——标度因数;

$K_{(-)}$——反转输入角速度范围内光纤陀螺仪标度因数;

$K_{(+)}$——正转输入角速度范围内光纤陀螺仪标度因数;

K_a——标度因数不对称性,10^{-2} 或 10^{-6};

K_D——直流增益;

K_i——第 i 次测试的标度因数;

K_m——室温下,光纤陀螺仪标度因数;

K_n——标度因数非线性度,10^{-2} 或 10^{-6};

K_r——标度因数重复性,10^{-2} 或 10^{-6};

K_t——标度因数温度灵敏度,$10^{-2}/℃^{-1}$ 或 $10^{-6}℃^{-1}$;

$\bar{K}$——标度因数平均值；

M——输入角速度个数；

N——采样次数；

$NER(\tau)$——噪声等效速率，$(°)/h$；

P_i——相位延迟，$(°)$；

Q——测试次数；

RWC——随机游走系数；

S——Laplace 算子；

t_0——初始采样间隔时间，s；

T_d——延迟时间，s；

T_i——第 i 个试验温度，℃；

T_j——第 j 个采样点时间，s；

T_m——室温，℃；

α——输入轴失准角，$(°)$；

α_j——第 j 个输入角速度 Ω_{ij} 时，输出值的非线性偏差，10^{-2} 或 10^{-6}；

β_j——第 j 个输入基准轴（IRA）的偏北角，$(°)$；

$\delta_1,\delta_2,\delta_3,\delta_4$——分别为第一、二、三、四种安装位置时的失准角，$(°)$；

ΔF_j——光纤陀螺仪输出增量；

$\Delta \bar{F}_j$——按拟合直线计算的光纤陀螺仪输出增量；

Θ——角振动台在 t 时刻的振动角度，$(°)$；

$\dot{\theta}$——光纤陀螺仪输入的角速度，$(°)/h$；

θ_m——角振动的单边幅值，$(°)$；

τ——采样间隔时间，s；

ν_j——拟合误差；

$\xi_{P+1,P}$——第 $P+1$ 与第 P 个数组平均的差；

φ_F——光纤陀螺仪输出的初始相位，$(°)$；

φ_θ——角振动台的初始相位，$(°)$；

φ——开始转动时 IRA 的偏北角，$(°)$；

Ψ——试验场所地理纬度角，$(°)$；

Ω_e——地球自转角速度，$(°)/h$；

Ω——转台转动角速度，$(°)/s$；

ω_i——第 i 个输入信号频率，Hz；

Ω——速率转台转速，$(°)/s$；

$\Omega_i(t_0)$——在第 i 个采样点的输出角速率，$(°)/h$；

Ω_{ij}——第 j 个输入角速度，$(°)/h$；

Ω_j——输入角速度，$(°)/h$；

$\bar{\Omega}_p(\tau)$——始于第 p 个数据点并含有 k 个数据的一个数组上的输出角速度的数组平均；

$\sigma^2(\tau)$——随机变量集合$\{\xi_{p+1,p}, p=1, n-k+1\}$的方差。

2. 测试方法

评定光学陀螺的性能,一般需要以下测试设备:精密测试台、调温室(模拟热分布过程,提供所需的测试环境,调温室必须安装在测试转台上)、数据采集与处理系统、工控计算机。测试装置之间的连接如图 3.5 所示。测试工作台安装在独立的地基上,且转台的转轴与当地地垂线平行;陀螺仪通过夹具安装在工作台面上,其敏感轴与转台转轴平行。

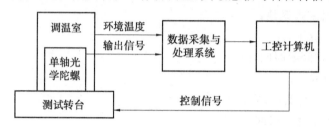

图 3.5　测试设备连接图

为了标定各项性能指标,需要进行两类测试:静态测试与动态测试。

静态测试方法:测试转台工作于静止状态,启动陀螺进入稳定工作状态后,以一定的频率采集陀螺输出脉冲数。

动态测试方法:启动陀螺进入稳定工作状态后,用给定的转动速率驱动测试转台,并以一定的频率采集陀螺输出脉冲数。

光纤陀螺仪的输出单位为安培(A)、毫伏(mV)或脉冲数等。由于零偏与标度因数受环境温度影响很大,因此在测试这两项指标时需要考虑温度因素。

四、实验条件及要求

1. 仲裁试验的标准大气条件

(1)环境温度:(23 ± 2)℃。

(2)相对湿度:$50\%\pm5\%$。

(3)大气压力:$86\sim106$ kPa。

2. 陀螺仪输出极性规定

按右手螺旋定则以四指指向光纤陀螺仪旋转方向,拇指指向光纤陀螺仪输入轴正方向。光纤陀螺仪绕其输入轴正向旋转时,其输出信号为正。

3. 光纤陀螺仪轴的规定

OX, OY 是光纤环圈平面内两个相互垂直的轴,OX 和 OY 与光纤陀螺仪输入轴 IA(即 OZ)正交,且三个轴的正方向满足 $OX \times OY = IA$ 的规定。

IRA(即 Oz),Ox 和 Oy 是安装基准轴,这三个轴名义是分别与 IA, OX, OY 平行,且三个轴的正方向满足 $Ox \times Oy = IRA$ 的规定,应在光纤陀螺仪壳体上用标记标明基准轴。

4. 测试设备一般要求

测试设备的精度和频率特性应与光纤陀螺仪性能规范的要求相匹配,测试设备的随机误差应小于光纤陀螺仪随机误差的$\frac{1}{3}\sim\frac{1}{5}$。测试设备的性能应稳定可靠,应装有安全限制装置,以免光纤陀螺仪在电、机械、热等方面过载或输入量过大。所有测试设备均应有规定期限内的检定合格证。

陀螺仪转向规定:

俯视转台,转台以逆时针方向旋转时为正转。将陀螺仪安装在转台上,转台正转时陀螺仪输出为正转输出,按右手螺旋定则以四指指向陀螺仪旋转方向,拇指指向陀螺仪输入轴正方向。

测试设备的精度和频率特性应与陀螺仪的性能要求相匹配。测试设备的系统误差和偶然误差应分别小于陀螺仪相应误差的 $\frac{1}{10}$ 和 $\frac{1}{3}$。

五、实验内容及步骤

1. 启动时间测试

确定光纤陀螺仪在规定的工作条件下,从加电开始至达到规定性能所需要的时间间隔为启动时间。

主要测试设备如下:

(1)速率转台及位置台。

(2)光纤陀螺仪输出测量及记录装置(具有陀螺加电启动记录功能)。

测试方法:将光纤陀螺仪安装于速率台的夹具上,使基础轴与速率台的旋转轴平行。误差在规定值内。将光纤陀螺仪与输出测量设备接好。启动速率台,建议将速度分别设定在全量程、10%全量程、1%全量程值或其他合适值上。光纤陀螺仪通电,记录时间和对应的光纤陀螺仪输出。

光纤陀螺输入轴指向东、西或其他方向,光纤陀螺仪通电,记录时间和对应的光纤陀螺仪输出。

计算方法:速率试验中,根据记录的数据,确定每次从加电到光纤陀螺仪指示速率满足速率误差要求为止的时间间隔 $tr_1, tr_2, \cdots, tr_m$。光纤陀螺输出中要扣除地球速率和事先标定的零位。

位置试验中,光纤陀螺仪输出中扣除事先标定的零位,确定每次从加电到光纤陀螺仪指示达到要求零偏值的时间 $tp_1, tp_2, \cdots, tp_n$。

取 $tr_i(i=1,2,\cdots,m), tp_i(i=1,2,\cdots,n)$ 的最大值为启动时间。

2. 极性测试

确定光纤陀螺仪的输出极性。

主要测试设备如下:

(1)速率转台。

(2)光纤陀螺仪输出测量及记录装置。

测试方法:将光纤陀螺仪安装于速率台上,基础轴平行于速率台轴线。将光纤陀螺仪与输出测量设备相连。将速率台加速至一定的角速度值,使输入矢量与基础轴的正方向相同,记录光纤陀螺仪输出极性。以相同的方式反向旋转速率台,并再次记录光纤陀螺仪输出极性。

3.标度因数测试

主要测试设备如下：

(1)具有角度或速率输出的速率转台(图 3.6),转台转动的角速率是－100 ～ ＋100(°)/s,以满足陀螺的工作范围。

(2)光纤陀螺仪输出测量及记录装置。

测试方法:将速率台的旋转轴置为垂直,与当地垂线间误差不超过规定值。将光纤陀螺仪安装在转台上,使基础轴平行于旋转轴,误差不超过规定值。将光纤陀螺仪与输出测量设备连接好。使测试设备记录经过的时间与光纤陀螺仪输出。在速率台旋转的情况下,按上述标准测试条件操作光纤陀螺仪。在输入角速度范围内,按照《优先数和优先数系》(GB/T 321—2005)规定的 R5 系列,适当圆整,均匀删除后选取输入角速度,在正转、反转方向输入角速度范围内,分别不能少于 11 个角速度挡,包括最大输入角速度。

图 3.6　速率转台

测试程序如下:

(1)按专用技术条件设定光纤陀螺仪输出数据的采样间隔时间及采样次数。

(2)转台加电,设定转台的转动角速度和转动方向,先设正转,启动转台,角速度平稳后,接通光纤陀螺仪电源,测试光纤陀螺仪输出,完成采样次数后,光纤陀螺仪断电,转台停转,将光纤陀螺仪输出数据扣除启动时间之前的数据后,求出该输入角速度下光纤陀螺仪输出的平均值。

(3)设定同样的角速度,使转台反转,方法与(2)相同,得到反转输入角速度下光纤陀螺仪输出的平均值,转台输入角速度按从小到大的顺序改变。

(4)测试开始和结束时,按相同方法分别测试当转台静止时,光纤陀螺仪输出的平均值,并从测试输入角速度点的光纤陀螺仪输出平均值中扣除,得出各输入角速度下的光纤陀螺仪输出值。

计算方法如下:

设 $\overline{F_j}$ 为第 j 个输入角速度时光纤陀螺仪输出的平均值,则

$$\overline{F_j} = \frac{1}{N} \sum_{P=1}^{N} F_{jP} \qquad (3.19)$$

$$\overline{F_r} = \frac{1}{2}(\overline{F_s} + \overline{F_e}) \qquad (3.20)$$

$$F_j = \overline{F_j} - \overline{F_r} \qquad (3.21)$$

建立光纤陀螺仪输入输出关系的线性模型:

$$F_j = K\Omega_{ij} + F_0 + v_j \qquad (3.22)$$

用最小二乘法求 K, F_0:

$$K = \frac{\sum\limits_{j=1}^{M} \Omega_{ij} F_j - \frac{1}{M} \sum\limits_{j=1}^{M} \Omega_{ij} \sum\limits_{j=1}^{M} F_j}{\sum \Omega_{ij}^2 - \frac{1}{M} \left(\sum\limits_{j=1}^{M} \Omega_{ij}\right)^2} \qquad (3.23)$$

$$F_0 = \frac{1}{M} \sum_{j=1}^{M} F_j - \frac{K}{M} \sum_{j=1}^{M} \Omega_{ij} \tag{3.24}$$

4. 标度因数非线性度测试

主要测试设备如下：

(1)具有角度或速率输出的速率转台。

(2)光纤陀螺仪输出测量及记录装置。

测试方法：将速率台的旋转轴置为垂直,与当地垂线间误差不超过规定值。将光纤陀螺仪安装在转台上,使基准轴平行于旋转轴,误差不超过规定值。将光纤陀螺仪与输出测量设备连接好。使测试设备记录经过的时间与光纤陀螺仪输出。在速率台旋转的情况下,按4.1的标准测试条件操作光纤陀螺仪。在输入角速度范围内,按照 GB/T 321—2005 规定的 R5 系列,适当圆整,均匀删除后选取输入角速度,在正转、反转方向输入角速度范围内,分别不能少于 11 个角速度挡,包括最大输入角速度。

测试程序如下：

(1)按专用技术条件设定光纤陀螺仪输出数据的采样间隔时间及采样次数。

(2)转台加电,设定转台的转动角速度和转动方向,先设正转,启动转台,角速度平稳后,接通光纤陀螺仪电源,测试光纤陀螺仪输出,完成采样次数后,光纤陀螺仪断电,转台停转,将光纤陀螺仪输出数据扣除启动时间之前的数据后,求出该输入角速度下光纤陀螺仪输出的平均值。

(3)设定同样的角速度,使转台反转,方法与(2)相同,得到反转输入角速度下光纤陀螺仪输出的平均值,转台输入角速度按从小到大的顺序改变。

(4)测试开始和结束时,按相同方法分别测试当转台静止时,光纤陀螺仪输出的平均值,并从测试输入角速度点的光纤陀螺仪输出平均值中扣除,得出各输入角速度下的光纤陀螺仪输出值。

计算方法如下：

设 $\overline{F_j}$ 为第 j 个输入角速度时光纤陀螺仪输出的平均值,则

$$\overline{F_j} = \frac{1}{N} \sum_{p=1}^{N} F_{jp} \tag{3.25}$$

$$\overline{F_r} = \frac{1}{2}(\overline{F_s} + \overline{F_e})$$

$$F_j = \overline{F_j} - \overline{F_r} \tag{3.26}$$

用拟合直线表示光纤陀螺仪输入、输出关系：

$$\widehat{F_j} = K\Omega_{ij} + F_0 \tag{3.27}$$

按下式计算光纤陀螺仪输出特性的逐点非线性偏差：

$$\alpha_j = \frac{\widehat{F_j} - F_j}{|F_m|} \tag{3.28}$$

按下式计算标度因数非线性度：

$$K_n = \max |\alpha_j| \tag{3.29}$$

作出光纤陀螺仪输出非线性偏差曲线(横坐标表示输入角速度,纵坐标表示非线性偏

差)。

5.测量光纤陀螺仪的阈值

主要测试设备如下:

(1)位置速率转台。

(2)光纤陀螺仪输出测量和记录装置。

测试方法如下:

光纤陀螺仪通过工装固定在速率转台上,其基准轴平行于转台轴,速率转台的旋转轴取向有两种:

(1)在南向、天向平面内,旋转轴与地垂线构成的角为当地地理纬度角。

(2)指向正东,并处于水平面内。

对准精度可控制在60角秒之内。

测试程序如下:

(1)测试光纤陀螺仪标度因数。

(2)速率转台以一个合适的输入角速度为起点正转,当输入角速度 Ω_{ij} 稳定后,测试光纤陀螺仪输出值 F_j,测试方法同标度因数测试。

(3)依次递减改变速率转台角速度,重复(2),直至输出正转阈值。

(4)按照相同方法,测试反转阈值。

(5)将测得的正、反转阈值取绝对值,其最大值即为光纤陀螺仪阈值。

计算方法如下:

光纤陀螺仪输入为 Ω_{ij} 对应的实际输出 F_j,而其理论输出按下式计算:

$$\bar{F}_j = K\Omega_{ij} \tag{3.30}$$

当满足下面不等式时,相应输入角速度 Ω_{ij} 即为待定阈值。

$$\left|\frac{\bar{F}_j - F_j}{F_j}\right| \leqslant 50\% \tag{3.31}$$

6.测量光纤陀螺仪的分辨率

主要测试设备如下:

(1)位置速率转台。

(2)光纤陀螺仪输出测量和记录装置。

测试程序如下:

(1)光纤陀螺仪置于速率转台上,光纤陀螺仪基准轴与地球自转轴正交,对准精度在规定值内。

(2)速率转台以大于光纤陀螺仪估计阈值100倍,小于光纤陀螺仪测量范围的某一个速率值旋转。

(3)按标度因数测试方法测试光纤陀螺仪输出值。

(4)按依次递减方式改变输入角速度增量值,初始增量值选择比估计分辨率大一些,并测量光纤陀螺仪输出增量,重复(3),测试正转分辨率。

(5)按照相同方法,测试反转分辨率。

(6)将测得的正、反转分辨率取绝对值,其最大值即为陀螺仪分辨率。

计算方法如下：

按标度因数测试计算方法计算的拟合直线，由转台输入角速度增量可以计算出相应的光纤陀螺仪输出增量，当满足下面不等式时，相应的输入角速度增量即为待定分辨率。

$$\left| \frac{\Delta F_j - \widehat{\Delta F_j}}{\widehat{\Delta F_j}} \right| \leqslant 50\% \tag{3.32}$$

7. 光纤陀螺仪的零偏测试

主要测试设备如下：

(1) 带有北向基准的水平基准。

(2) 光纤陀螺仪输出测量和记录装置。

测试方法：光纤陀螺仪通过安装夹具固定在水平基准上。使光纤陀螺仪基准轴指向东西向，对准精度在规定值内。

测试程序如下：

常温下，待陀螺仪进入稳定工作状态后，进行静态测试。

(1) 设定光纤陀螺仪输出测量的采样间隔时间及测试时间。

(2) 接通光纤陀螺仪电源，记录光纤陀螺仪在测试时间内的输出，数据为采样间隔内的积累。

一般情况下，数据记录长度（测试时间）应足够长（至少 1 h 以上），使测得的性能特性达到要求的置信度。数据采样速率应至少是要求的最高频率的两倍。

计算方法如下：

光纤陀螺仪零偏公式为

$$B_0 = \frac{1}{K} \bar{F} \tag{3.33}$$

测试数据按下式计算出零偏稳定性：

$$B_s = \frac{1}{K} \left[\frac{1}{n-1} \sum_{i=1}^{n} (F_i - \bar{F})^2 \right]^{\frac{1}{2}} \tag{3.34}$$

8. 测量光纤陀螺仪的随机游走系数

主要测试设备如下：

(1) 带有北向基准的水平基准。

(2) 光纤陀螺仪输出测量和记录装置。

测试方法：光纤陀螺仪通过安装夹具固定在水平基准上。使光纤陀螺仪基准轴指向东西向，对准精度在规定值内。根据光纤陀螺仪检测电路的输出形式及其带宽特性，设定短的采样间隔时间及测试时间，对光纤陀螺仪输出量在短的测试时间内，获得一组初始样本序列。

下面介绍计算方法。

归一化计算法计算步骤如下：

(1) 在初始样本序列基础上，依次成倍加长采样间隔时间为

$$\tau = k t_0 \tag{3.35}$$

$$k = 1, 2, 4, 8, 16, 32, \cdots$$

由每相邻两个样本的均值再组成新的样本序列,并按式(3.34)求光纤陀螺仪零偏稳定性。

(2)由不同的采样间隔时间,获得光纤陀螺仪零偏稳定性,并组成新的样本序列 $B_s(\tau)$。

(3)计算出当 $kt_0=1$ s 时的光纤陀螺仪零偏稳定性 $B_s(1)$,$B_s(1)$ 又称为噪声等效速率 $NER(\tau)$,按下式计算光纤陀螺仪随机游走系数 RWC:

$$RWC = NER(\tau) \cdot \tau^{\frac{1}{2}} \tag{3.36}$$

(4)按表 3.1 格式填写光纤陀螺仪随机游走系数。

注意:①当光纤陀螺仪检测电路输出模拟电压信号时,根据检测电路带宽,由申农 (shannon)采样定理设定初始采样间隔时间;当输出数字量时,宜以其最高输出信号频率设定初始采样间隔时间,初始采样间隔时间应小于 10 ms。

②在保证数据统计可靠前提下,采用短测试时间 10 s。

③当在对数坐标系中,以采样间隔时间平方根的倒数为横坐标,以相应的零偏稳定性为纵坐标,所作出的零偏稳定性与采样间隔时间的关系曲线为线性曲线。

Allan 方差法计算步骤如下:

(1)设有 n 个在初始采样间隔时间为 t_0 时获得的光纤陀螺仪输出值的初始样本数据,按下式的计算方法计算出每个光纤陀螺仪输出值对应的光纤陀螺仪输出角速度,得到输出角速度的初始样本数据为

$$\Omega_j(t_0) = \frac{1}{K} \cdot F_j(t_0), \quad i = 1, 2, \cdots, n \tag{3.37}$$

(2)对于 n 个初始样本的连续数据,把 k 个连续数据作为一个数组,数组的时间长度为 $\tau = kt_0$。分别取 τ 等于 $t_0, 2t_0, \cdots, kt_0(k < n/2)$,求出每个时间长度 τ 的数组的数据平均值(数组平均),共有 $n-k+1$ 个这样的数组平均。

$$\overline{\Omega}_p(\tau) = \frac{1}{k} \sum_{i=p}^{p+k} \Omega_i(t_0) \tag{3.38}$$
$$p = 1, 2, \cdots, n-p$$

(3)求相邻两个数组平均的差。

$$\zeta_{p+1,p} \equiv \overline{\Omega}_{p+1}(\tau) - \overline{\Omega}_p(\tau) \tag{3.39}$$

给定 τ,上式定义了一个元素为数组平均之差的随机变量集合 $\{\xi_{p+1,p}, p = 1, \cdots, n-k+1\}$,共有 $n-k$ 个这样的数组平均的差。

(4)求随机变量集合 $\{k\}$ 的方差。

$$\sigma^2(\tau) = \frac{1}{2(n-k-1)} \sum_{p=1}^{n-k-1} [\zeta_{p+2,p+1} - \zeta_{p+1,p}]^2 \tag{3.40}$$

即

$$\sigma^2(\tau) = \frac{1}{2(n-k-1)} \sum_{p=1}^{n-k-1} [\overline{\Omega}_{p+2}(\tau) - 2\overline{\Omega}_{p+1}(\tau) + \overline{\Omega}_p(\tau)]^2 \tag{3.41}$$

(5) 分别取不同的 τ,重复上述过程,在双对数坐标系中得到一个 $\sigma(\tau)$-τ 曲线,称为 Allan 方差曲线。采用下面的 Allan 方差模型,通过最小二乘拟合,获得各项系数,进而求得随机游走系数 RWC。

$$\sigma^2(\tau) = \sum_{m=-2}^{2} A_m \tau^m \tag{3.42}$$

式中,A_m(即 A_{-2},A_{-1},A_0,A_1,A_2)分别为光纤陀螺仪输出数据中与量化噪声、随机游走系数、零偏不稳定性、速率随机游走、速率斜坡各项噪声相关的拟合多项式的系数。

$$RWC = \sqrt{A_{-1}} \tag{3.43}$$

六、实验报告

(1)给定的转速为:$\pm 1(°)/s$,$\pm 4(°)/s$,$\pm 10(°)/s$,$\pm 20(°)/s$,$\pm 30(°)/s$,$\pm 40(°)/s$,$\pm 50(°)/s$,$\pm 60(°)/s$,$\pm 70(°)/s$,$\pm 80(°)/s$,$\pm 90(°)/s$,$\pm 100(°)/s$。请在图 3.7 中画出光纤陀螺输出电压与给定转速的关系图,并求出光纤陀螺刻度因子的标定结果。

(2)给定的转速为:$\pm 1(°)/s$,$\pm 4(°)/s$,$\pm 10(°)/s$,$\pm 20(°)/s$,$\pm 30(°)/s$,$\pm 40(°)/s$,$\pm 50(°)/s$,$\pm 60(°)/s$,$\pm 70(°)/s$,$\pm 80(°)/s$,$\pm 90(°)/s$,$\pm 100(°)/s$。请在图 3.8 中画出光纤陀螺输出标定误差与给定转速的关系图。

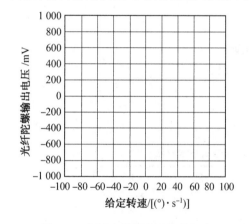

图 3.7　光纤陀螺刻度因数的标定　　　　图 3.8　光纤陀螺输出标定误差图

(3)什么叫光纤陀螺标度因数?

(4)什么是 Allan 方差,这种方法的特点是什么?

(5)验证光学陀螺标度因数标定值、零偏标定值有效性的性能参数各包括哪几项?

(6)光纤陀螺仪中有哪些不确定因素会导致其随机漂移具有随时间变化的趋势?能够评价陀螺随机漂移特征的重要参数是什么?

(7)光学陀螺的随机误差因素有哪些?

(8)简述如何应用 Allan 方差法分析光学陀螺的随机误差源。

(9)干涉型光纤陀螺的主要误差源有哪些?

(10)记录随机游走系数测量值(表 3.1)。

表 3.1　光纤陀螺随机游走系数实验数据

数据样本	1	2	3	4	5	6	7	8	9	10
随机游走系数										

七、实验注意事项

(1)测试检测点信号时,建议在上电前将外部测量仪器的地线接入检测点的地,若在测试过程中接入,可能导致显示屏白屏,需要重新上电。

(2)进行精确测试过程中,请勿接触任一检测点,确保没有任何外界碰触陀螺平台。

(3)操作设备时,防止静电击损。

(4)接入高压后,每次上电与断电时间间隔应保证大于 30 s。

(5)通电状态下,请勿插拔串口线、陀螺接口线和高压线。

(6)请勿拆卸陀螺测试仪器箱和陀螺本体。

(7)实验结束后,请确认关闭电源。

实验 3　激光陀螺工作原理及闭锁效应研究实验

一、实验目的

(1)通过实验,掌握激光陀螺工作原理。

(2)加深对激光陀螺特有误差特性闭锁效应的理解。

(3)了解激光陀螺闭锁效应及性能指标等相关知识。

二、仪器与设备

(1)J－1－128Ⅳ(90)型激光陀螺(4195)(技术参数见表 3.2)。

表 3.2　J－1－128Ⅳ(90)型激光陀螺技术参数

激光陀螺型号	采样均值/[(°)·h⁻¹]	稳定性/[(°)·h⁻¹]
4195	10.594 8	0.010 2
	随机游走系数	
	0.003 5	

(2)JINGCO－Ⅲ激光陀螺测试仪(图 3.9)。

(3)示波器。

(4)可调式开关稳压电源。

(5)计算机。

(6)高精度数字电压表。

三、JINGCO－Ⅲ激光陀螺测试仪使用简介

1.电源

电压范围:21～31 V。

工作电流:0.4～0.5 A。

2.前面板

(1)电源开关。

向上打开电源,向下关闭电源。

(2)电源接线柱。

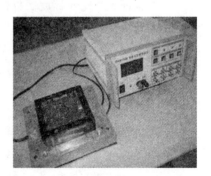

图 3.9　采用正方形谐振腔的单轴机械抖动激光陀螺仪

红色为电源正极,黑色为电源负极。

(3)指示灯。

①"电源"指示灯:开电源,若电源电压正常,指示灯亮;

②"扫模"指示灯:陀螺仪扫模过程中,指示灯亮;

③"比例因子"指示灯:进行比例因子测试过程中,指示灯亮;

④"存储"指示灯:暂未用。

(4)按键。

①"背光"按键:按下,显示屏背光灯打开;按起,显示屏背光灯关闭;

②"暂停"按键:按下,停止显示屏循环显示;按起,启动显示屏循环显示;

③"扫模"按键:按一下,启动系统一次扫模;

④"跳模"按键:按一下,控模电压向上跳一个模,若当前工作在最高模态,则跳到最低模态工作。

(5)检测区。

检测区由八个 BNC 插头组成,检测八个陀螺信号,其中"信息 1""信息 2""光强""机抖反馈"为低压信号,"控模电压""机抖驱动""阳极电流 1""阳极电流 2"为高压信号(注有危险标示符)。

①"信息 1"信号:陀螺信息信号(COS);

②"信息 2"信号:陀螺信息信号(SIN);

③"光强"信号:扫模过程中,每次扫模,系统扫两次(第一次预扫模,较快;第二次较慢),共扫得模态数为 N,扫模完毕,系统正确选择在某一个模态稳定工作(若 N 小于 3,则选第 N 个模;若 N 大于等于 3,则选第 $N-1$ 个模);

④"机抖反馈"信号:波形为正弦信号;

⑤"控模电压"信号:扫模过程中,控模电压在 10～186 V 范围内线性变化,同时可通过"光强"信号观测模态变化;

⑥"机抖驱动"信号:包括正向和反向驱动,驱动电压峰值约为 60 V;

⑦"阳极电流 1"和"阳极电流 2"信号:暂未用。

(6)显示屏。

数字化显示陀螺仪的某些状态参数(如"工作模态""控模电压""光强""脉冲数""阳极 I1""阳极 I2""机抖频率"),分两屏循环显示。

注意:①工作模态:＊/＊,"/"前为当前工作模态,"/"后为扫模的模态总数;

②光强:＊＊V,其值为电路中放大后的数值,而前面板检测点检测的光强信号是放大前的数值;

③"阳极 11"和"阳极 12":陀螺阳极两臂电流值;

④"脉冲数":1 s 的信息脉冲数;

⑤进行比例因子测试时,脉冲数:＊＊行将显示为"比例因子测试"。

3. 后面板

(1)串口:RS422 电平输出若与 PC 机的串口通信,需要连接一个 RS422－RS232 转换器。

(2)陀螺接口:使用陀螺接口线与陀螺连接,25 芯一端接仪器箱,54 芯一端接陀螺。

（3）转台整圈脉冲输入接线柱：TTL 电平，上升沿有效，红色为正极，黑色为负极。

（4）高压接线端子：由两块耐高压陶瓷块组成，分别用于连接负高压（−1 500 V）、负高压地（G1.5K）和正高压（+2 800 V）、正高压地（G2.8K）。

四、实验原理

激光陀螺在小角速度输入下存在死区的现象称为闭锁。实际中，当输入角速度 ω 小于某一临界值 ω_L 时，陀螺输出频差为零，即对该范围内输入角速度不敏感，输出信号被自锁或称闭锁。这种效应会导致在零输入角速度附近产生阈值误差，而且会使输出特性在一定范围内出现非线性，从而造成角速度的测量误差。激光陀螺仪的闭锁阈值将影响到激光陀螺仪标度因数的线性度和稳定度。闭锁阈值取决于谐振光路中的损耗，主要是反射镜的损耗。

闭锁效应主要是由沿相反方向传播的两束光之间的相互耦合引起的。在激光陀螺仪环形谐振腔中，用反射镜实现光束在环路中绕行，然而再好的反射镜也不可能做到完全的反射，总存在着各个方向的散射，其中有一部分将沿原来光路反向散射。这样，顺时针方向传播的光束的反向散射，正好拟合到逆时针方向传播的光束中去。反之亦然。由于两束光之间相互耦合，能量相互渗透，当它们的频差小到一定程度时，这两束光的频率就会被牵引至同步，以致引起输出信号被闭锁。这种现象与一般电子振荡器的频率牵引现象是类似的。要使激光陀螺仪在惯导系统中获得实际应用，克服自锁效应是一个极其重要的技术关键问题。

闭锁效应是激光陀螺特有的误差特性，克服这种误差效应的有效措施有两种。一种是尽力缩小自锁区：必须对光学元件的质量和工作气体的纯度等提出极高的要求，以改善光路的均匀性。从目前的技术水平看，缩小闭锁区是可能的，但离惯性级陀螺仪精度要求还相差甚远。另一种是偏频技术：即采用偏频技术，使激光陀螺仪的工作点在全部或大部分时间里从自锁区中偏置出来。偏频技术有恒速偏频、抖动偏频、速率偏频、磁镜偏频与四频差动等方案。目前，应用最广泛且比较成熟的偏频技术是机械抖动偏频技术，这种方法的关键是保持谐振频率与抖动幅值的稳定。

如果把机械恒速转动改为抖动，即设法使激光陀螺仪绕输入轴处于较高频率（如 10～40 Hz）的角振动状态，则能很有效地克服自锁效应。机械抖动产生的偏频属于交变偏频，如图 3.10 所示。

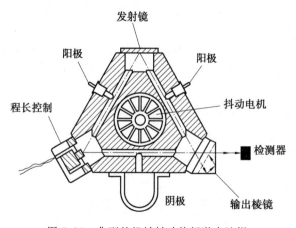

图 3.10　典型的机械抖动偏频激光陀螺

机械抖动是一个正弦的、对称信号,相对于零输入速度是交变的偏置,抖动频率一般为 $100\sim500$ Hz,抖动幅值为 $\pm(100\sim500)s^{-1}$。使设计的机械抖动正弦速度幅值远远大于陀螺的锁定区,在加入交变抖动偏频后,陀螺只在很短的时间内处于锁定状态,而大部分时间工作在锁定区以外,因此由锁定区带来的误差得到很好的控制。采用机械抖动偏频的激光陀螺仪输出特性和标度因数误差如图 3.11 所示。图中 $\Delta K/K$ 代表相对误差,ω_M 代表机械角振动的幅值。可以看出,输出特性近似一条过原点的直线,与无自锁效应的理想情况相当接近;而且在小角速度输入时的标度因数误差也远比未加机械抖动偏频时小得多,只是在输入角速度 $\omega\approx\omega_M$ 的附近略大些,但此值不超过 1.3×10^{-6}。

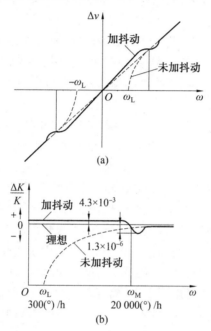

图 3.11　机械抖动偏频的激光陀螺仪的输出特性和标度因数误差示意图

分析结果表明,当输入角速度 $\omega<\omega_M$ 时所出现的常值标度因数误差与自锁阈值 ω_L 成正比,并与角振动幅值 ω_M 成反比,因此所施加的角振动幅值应当远大于自锁阈值。另一方面,正、反方向的振动角速度应当非常对称,否则将会产生直流分量误差。

五、实验要求

(1)了解激光陀螺的性能指标及工作原理。

(2)学习机械抖动偏频的作用原理。

六、实验内容及步骤

激光陀螺测试系统框图如图 3.12 所示。

(1)接通总电源,按照次序打开稳压电源开关、激光陀螺测试仪电源开关,激光陀螺开始工作。

(2)接通电源数秒后,激光陀螺扫模指示灯亮,表示陀螺激光点亮,开始扫模;若扫模指示灯不亮,表示陀螺激光没点亮,需要关闭电源,约 30 s 后再打开电源,直至陀螺激光点亮。

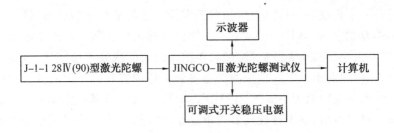

图 3.12 激光陀螺测试系统框图

（3）扫模完毕，扫模指示灯灭，系统进入正常工作状态。

（4）观察激光陀螺结构及特点。

J－1－128Ⅳ(90)型激光陀螺是整体式激光陀螺，有一个正方形谐振腔，腔体同时作为激光管，并充满氦氖气体。请仔细观察，找到凹面反射镜、电极、平面反射镜、半透反射镜、断面偏振镜片、光源、直角合光棱镜、光检测器等部件的具体位置。仔细研究陀螺的光路走向，进而了解激光陀螺的工作原理。

（5）打开计算机，运行测试程序。激光陀螺测试软件 LaDrift2 处理陀螺测试数据，实现对陀螺测试数据的显示和记录管理。软件程序和下位机通信采用 RS232 接口进行串行传输。串口通信波特率定为 57 600 b/s。下位机每 10 ms 向上位机发送一次数据。

（6）点击"文件"，弹出下拉菜单，点击"陀螺参数设置"，点击"参数"一栏，输入当前测试陀螺比例因子；"阳极电流、压电校正器电压、振子振幅"等项保留默认值；选择连接串口号、保存文件复选框，文件保存在测试软件所在目录的生成数据库中。

（7）点击"测试"一栏，输入当前测试陀螺编号，并选中复选框；显示时间定义视图窗口中测试数据点显示的时间间隔，测试时间为显示时间与总计次数的乘积；"连接超时"定义了测试软件与测试仪器箱通信连接时限。点击"确定"，如图 3.13 所示。

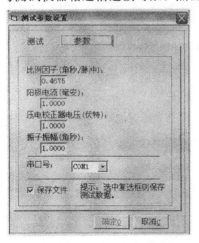

图 3.13 "陀螺参数设置"窗口

（8）给激光陀螺仪一振动干扰，观察测试曲线及示波器波形变化。

（9）通过示波器，观察机抖是否正常，若不正常，通过测试软件调整机抖参数，直到机抖工作正常（通过示波器观察，机抖反馈信号略延迟于机抖驱动信号，并使反馈信号幅值达到了最大，即为抖动正常工作）。记录机抖参数，如图 3.14 所示。

（10）测试结束后，请按照次序关闭激光陀螺测试仪电源开关、稳压电源开关，再关闭总电源。

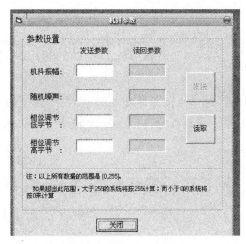

图 3.14　机抖参数测试窗口

七、实验报告

（1）激光陀螺产生闭锁效应的原因是什么？

（2）克服闭锁效应的方法有哪些？目前采用的偏频技术主要有哪几种？

（3）记录实验测得激光陀螺仪的机抖参数（表 3.3）？

表 3.3　激光陀螺仪的机抖参数表

项　　目	发送参数	读回参数
机抖振幅		
随机噪声		
相位调节低字节		
机抖振幅		

（4）分析一下你测试的陀螺机抖频率是多少，怎样理解机抖频率对仪器性能的影响。

（5）激光陀螺仪的闭锁阈值是如何影响陀螺仪标度因数线性度和稳定度的？

八、实验注意事项

（1）测试检测点信号时，建议在开电前将外部测量仪器的地线接入检测点的地，若在测试过程中接入，可能导致显示屏白屏，需要重新开电。

（2）进行精确测试过程中，请勿接触任一检测点，确保没有任何外界碰触陀螺平台。

（3）操作设备时，正确接入负高压和正高压连线，检查确保无误。

（4）接入高压后，每次开电与断电时间间隔应保证大于 30 s。

（5）通电状态下，请勿插拔串口线、陀螺接口线和高压线。

（6）请勿拆卸陀螺测试仪器箱和陀螺本体。

第4章　陀螺仪创新实验

陀螺仪创新类实验侧重于对学生创新研究能力的培养,通过创新型实验研究,使学生亲身经历"发现问题—查阅文献—提出理论方案—实验验证—解决问题"的科研历程,提高学生自主创新能力。

实验 1　MEMS 陀螺仪数字采集系统设计

一、设计目的

(1)掌握设计、搭建微陀螺仪数字采集系统的方法。

(2)熟悉 Visual C++语言。

二、设计任务与要求

设计一套基于 Visual C++的 MEMS 微陀螺仪数字采集系统。系统将完成获取陀螺数据、处理数据、显示数据、画出图像的任务。

三、可选元器件

1.主控芯片

STM32F103 增强型系列使用高性能的 ARM Cortex—M3 32 位的 RISC 内核,工作频率为 72 MHz,内置高速存储器(高达 128 K 字节的闪存和 20 K 字节的 SRAM)、丰富的增强 I/O 端口和连接到两条 APB 总线的外设。

2.无线模块

无线模块可使用 NRF905 芯片,NRF905 芯片有抗干扰能力强、传输距离远、接收灵敏度高等特点,此外还有内置的检错和单点对多点通信地址控制。

3.稳压及电压转换芯片

建议选用 X7805 型 5 V 稳压芯片,1117 型 5 V 转 3.3 V 芯片。X7805 系列是三端正电源稳压电路。如果能够提供足够的散热片,它们就能够提供大于 1.5 A 的输出电流。1117 内部集成过热保护和限流电路,是电池供电和便携式计算机的最佳选择。

4.陀螺芯片

ADIS16260 和 ADIS16265 是集合了行业领先的 MEMS 和信号处理技术的可编程数字陀螺仪。供电后,无需处理器的操作,ADIS16260 和 ADIS16265 自动启动并开始对传感器数据进行采样。一个可访问的寄存器结构和一个串行外设接口能够简便地接收传感器数据或设定参数。

ADIS16260 和 ADIS16265 提供了几种可编程的系统内优化组合。传感器带宽选择（50 Hz 和 330 Hz），巴特利特窗 FIR 滤波器长度和采样速率设定给予用户噪声和带宽的最佳组合。数字输入、输出通道给数据准备好信号提供了选择来帮助主处理器能够协调数据管理，一个警报指示器信号触发主处理器中断，一个多功能函数设定并监测系统的数字控制与状态。

5. USB 转 RS232 控制器

可选用 PL2303 芯片。PL2303 是 Prolinc 公司生产的一种高度集成的接口转换器，可提供一个 RS232 全双工异步串行通信装置与 LJSB 功能接口便利连接的解决方案。该器件内置 LISB 功能控制器、LISB 收发器、振荡器和带有全部调制解调器控制信号的 UART，只需外接几只电容就可实现 LJSB 信号与 RS232 信号的转换，能够方便嵌入到手持设备。

该器件作为 LJSB/RS232 双向转换器，一方面从主机接收 LISB 数据并将其转换为 RS232 信息流格式发送给外设；另一方面从 RS232 外设接收数据转换为 USB 数据格式传送回主机。这些工作全部由器件自动完成，开发者无需考虑固件设计。

四、设计原理

硬件系统主要由感应器（陀螺）、控制器、传输模块和上位机组成。在系统工作时，微陀螺仪首先将测得的角速度和角加速度通过 SPI 接口上传给单片机，单片机经过处理后，控制无线传输模块上传给上位机，上位机对数据进行接收处理之后作图，使位于上位机的工程师能够简单直观地查阅记录数据。

系统的工作流程如图 4.1 所示。

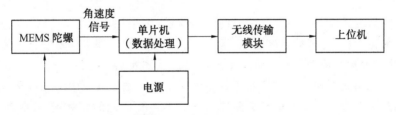

图 4.1　系统工作流程图

串口接收到下位机传来的数据后，进行数据处理，首先进行进制转换，由于接收到并被存储在缓存中的数据都是二进制，需要通过对其属性和正负进行判断后再对其转换进制以供后续的处理和存储。根据与单片机约定的属性标识位来判断接收到的若干位数据中的起始点和终止点，并对角速度和角加速度加以区分。

根据 PC 机所完成的功能，上位机软件包括如下几个功能模块：主程序，主要是系统参数的初始化设置；数据接收串行中断服务子程序；数据处理模块（数字滤波）以及数据存储、显示处理子程序。下位机直接传输得来的数据，需经软件数字滤波的环节进行处理，可选用一阶数字后向差分低通滤波，这种滤波方式可以有效地清除原始数据中的高频噪声。

五、设计报告要求

（1）写明设计题目、设计任务、设计环境以及所选用的元器件。
（2）绘制经过试验验证、完善后的电路原理图。

(3)编写设计说明、使用说明与设计小结。

(4)列出设计参考资料。

(5)提交数据显示与绘图主界面截图,提交编写程序。

实验 2　光纤陀螺捷联航姿系统设计

一、设计目的

(1)熟练掌握 Turbo C 语言的运用。

(2)熟悉俄罗斯 VG910 开环干涉型陀螺。

二、设计任务与要求

请设计一套简单捷联航姿系统。

三、可选元器件

(1)角速率传感器:三个单自由度开环干涉型光纤陀螺仪,用于给导航计算提供输入数据。

(2)数据采集通道集成板。

(3)导航计算机:采用体积小、结构紧凑的嵌入式计算机 PC/104。

四、设计原理

光纤陀螺航姿系统如果仅由三个光纤陀螺组成,则采用航姿算法计算出的航姿角具有如下的误差来源:由于地球的自转影响,地球的自转速度在地理坐标系的三个轴上产生速度分量,地球的这种自转速度就被光纤速率陀螺当作载体相对于地理坐标系的转动速度用于航姿计算。因此用光纤速率陀螺所获得载体的三个输入轴的速率中必然包含所耦合进的地球自转速率在三个输入轴上的分量。所以为了获得系统正确的航姿,在计算时必须把地球自转的影响补偿掉,然而为了补偿地球自转的影响,必须知道载体所在的地理位置,因为地球自转速率在各个轴上的分量与所在地的纬度密切相关。

对于地理坐标变化不大的系统,如果航姿系统的载体在陆上进行范围不大的运动,此时地理坐标系的变化不大,仅仅需要输入当地的纬度信息对地速进行补偿,在运动时间内不需要对地理坐标系进行实时改变,因此航姿系统可以不需要加速度计。

五、设计提示

在光纤陀螺捷联航姿系统中,三个光纤陀螺的敏感轴相互正交,作为角速率传感器,分别感应载体运动时沿载体三个轴 x,y,z 三个方向的角速度分量。这里系统只能测量飞行器的航姿,不能定位。数据采集通道则将光纤陀螺输出的模拟信号转换为数字信号输入到导航计算机中。经过存储于导航计算机中的捷联航姿程序的解算,可获得载体的姿态,并通过显示设备输出。捷联航姿系统原理结构示意图如图 4.2 所示。

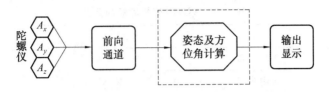

图 4.2　捷联航姿系统原理结构示意图

为了获得系统正确的航姿,在计算中必须把地球自转的影响补偿掉。为了实现补偿,必须知道载体所在的地理位置(实验室所在的经度为 45.75°,纬度为 126.63°),因为地球自转角速度在三个陀螺敏感轴上的分量与当地的纬度密切相关。

1.硬件设计

光纤陀螺航姿系统从功能上可分为四部分:传感器,数据采集通道,中央处理计算机和输出设备。传感器部分采用光纤陀螺作为角速率传感器。三个陀螺一组,互相垂直安装于载体上,分别感应载体运动时沿载体三个轴的角速度分量,用于给导航计算机提供输入数据。导航计算机采用 PC/104 结构的计算机。这种计算机在软件与硬件上和 PC 机体系结构完全兼容,但在形态上,PC/104 是十分紧凑(90 mm×96 mm)的自栈式、模块化结构,满足坚固、可靠、尺寸较小的设计要求。为了将光纤陀螺采得的模拟数据信号变为数字信号提供给导航计算机进行航姿计算,在光纤陀螺和导航计算机之间必须设计一个数据接口模块。在实际的应用中常采用一个 12 bit 的 A/D 数据采集板来获取信号。设计可依据 PC/104 标准进行,采用自栈式结构,与导航计算机连成一个整体,有效地减小了体积。为了将航姿信息显示出来,在系统中可采用一块 LCD 液晶显示器作为输出设备。同时利用 PC/104 计算机的显示器接口,使其与桌面计算机显示器相连,演示航姿系统输出。

(1)开环干涉型光纤陀螺仪。

本系统设计中采用的是俄罗斯 VG910 开环干涉型陀螺,这种光纤陀螺构造简单,精度较低,但能满足一般精度的导航需要。VG910 光纤陀螺主要由光纤线圈、PZT 调制器、耦合器、偏光器、SLD 模块组成。如图 4.3 所示是光纤陀螺的结构和管角分配图。

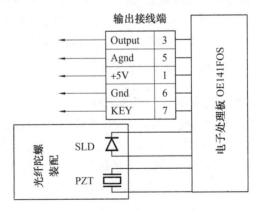

图 4.3　VG910 光纤陀螺结构和管角分配图

VG910 光纤陀螺的参数见表 4.1。

表 4.1   VG910 光纤陀螺的参数

项目	范围
工作温度	$-30\sim71$ ℃
供电电源	(5 ± 0.5) V,功率小于 1.5 W
常值漂移	小于 $0.8(°)/s(20$ ℃$)$
标度因子	$11(1\pm20\%)[\text{mV}\cdot(°)^{-1}\cdot\text{s}^{-1}]$
随机游走	$0.002(°)/s\sqrt{HS}$
频率范围	$0\sim1\,000$ Hz
输入范围	$\pm100(°)/s$
陀螺质量	130 g

（2）前向通道配置与接口设计。

前向通道中信号调节的任务是将被测对象输出的信号变换成计算机输入要求的信号，从信号的传感、变换，到计算机的输入。故在前向通道设计中必须考虑信号拾取、信号调节、A/D 转换以及电源配置与干扰防止等问题。本系统相应的信号调节任务如图 4.4 所示。

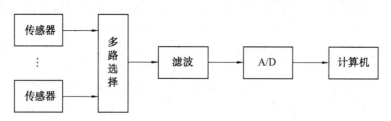

图 4.4   多路采集的信号调节

信号的滤波环节亦可加入陀螺仪模块中。A/D 采集板是前向通道中的 A/D 转换接口环节，选用可编程放大采集板，此板的核心是一片 12 位并行输出的模拟到数字的转换器 AD574A 和一片可编程放大器 AD625。AD574A 是 12 位逐次比较式转换器，转换速度快 （25 μs）。ADT574 采用 ±15 V 电源，基址固定为 280H，共有 8 个模拟电压输入通道，采用 PC/104 标准设计，采用自栈式结构，与微型计算机并行接口。

（3）ADT200 模块。

ADT200 模块结构紧凑，适于嵌入式与便携式应用。

ADT200 模块化中速模拟输入模块与 IBMPC 兼容的 PCI04CPIJ 模块系统可构成一个高性能的数据采集与控制系统。模拟变换线路可接收最多 16 个通道的单端模拟输入，并将这些输入变换成 12 位的数字数据，然后可读出传送到 PC 的存储器中。模拟输入电压的量程可由跳线器选择为双极性的 $-5\sim+10$ V，或是单极性的 $0\sim+10$ V，出厂时设置为 $-5\sim+5$ V。输入端还提供了 $+/-35$ V 的过压保护，A/D 变换由一个 12 位逐次逼近式的变换器来完成。高性能的变换器以及在其前的高速采样保持放大器能保证将动态输入电压精确地数字化，12 位变换的分辨率是 2.441 4 mV，吞吐量是每秒 40 000 个样本。通过 PC 数据总线变换好的数据可读出到 PC 存储器中，每次一个字节。

（4）设计硬件电路原理及接线图如图 4.5 所示，确定各端口地址，设计程序流程图和搭建系统。

2. 光纤陀螺捷联航姿系统的软件实现

航姿系统的软件采用 Turbo C 2.0 结构化编程,主要包括主程序、中断采样子程序、姿态四元数子程序和显示子程序四部分。主程序主要用于航姿系统参数的初始化。中断采样子程序包括采样板初始化、采样子程序、中断服务程序、光纤陀螺刻度因子补偿、中断出口、入口子程序。显示子程序包括 CRT 显示子程序和 LCD 显示子程序。其中,CRT 显示子程序是通过图形仪表盘动态显示载体的姿态,主要用于演示,LCD 显示子程序显示捷联航姿系统的三个姿态角的数据,用于实时系统中,光纤陀螺捷联航姿系统软件流程图如图 4.6 所示。

航姿参考系统航姿算法选用了四元数四阶

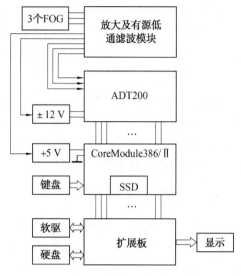

图 4.5　系统结构示意图

龙格－库塔法和旋转矢量双子样法及三子样法,字长选取双精度与 MATLAB 相同,采样利用 ISR 技术调用计算机 0 号中断。姿态四元数子程序通过四元数四阶龙格－库塔法解算姿态。

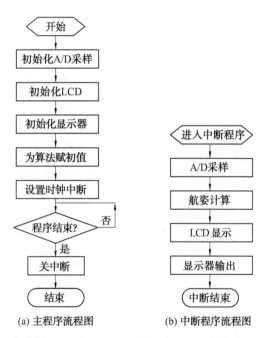

(a) 主程序流程图　　　(b) 中断程序流程图

图 4.6　光纤陀螺捷联航姿系统软件流程图

3. 按自行设计的调试方案调试系统软、硬件

系统软、硬件联调之前,软件部分(除去采样部分)应完全调通,并能正常运行;硬件部分各个接口连接正确,前置放大器和有源低通放大器进行调零,并设置对应的放大倍数。联调

时,将标定的光纤陀螺的刻度因子以及前置放大器的放大倍数写入系统软件,同时通过测漂子程序测得陀螺的常值漂移,作为补偿值写入系统软件。

通过旋转陀螺观察软件仪表盘的显示趋势,定性地判断系统的软件、硬件是否正常工作;在系统静止的情况下定量判断系统是否正常工作。

4.系统性能测试

将光纤陀螺捷联航姿系统放置在一个固定的平台上,通过在航姿系统软件中补偿光纤陀螺的常值漂移以及减掉光纤陀螺输出信号中的地速分量,对系统的性能进行测试,在理论上三个航姿角应为 0°。对系统每天加电工作后,进行五次测试,航姿系统采样频率为 50 Hz,每次测试时间为 25 s,共进行五天,测量数据填入表 4.2~4.6。

六、设计报告要求

(1)写明设计题目、设计任务、设计环境以及所需的设备元器件。

(2)绘制经过实验验证、完善后的电路原理图。

(3)编写设计说明、使用说明与设计小结。

(4)列出设计参考资料。

(5)提交系统性能测试数据,提交编写程序。

顺时针转动航姿系统一次,再逆时针转动航姿系统一次,记录实验数据。

表 4.2　航向角的测量　　　　　　　　(°)

次数 天数	1	2	3	4	5
1					
2					
3					
4					
5					

表 4.3　俯仰角的测量　　　　　　　　(°)

次数 天数	1	2	3	4	5
1					
2					
3					
4					
5					

表 4.4　　倾斜角的测量　　　　　　　　　　　(°)

天数＼次数	1	2	3	4	5
1					
2					
3					
4					
5					

表 4.5　　航向角、俯仰角、倾斜角误差的均值　　(°)/h

	航向角	俯仰角	倾斜角
1			
2			
3			
4			
5			

表 4.6　　航向角、俯仰角、倾斜角误差的方差　　(°)/h

	航向角	俯仰角	倾斜角
1			
2			
3			
4			
5			

七、注意事项

(1)确保被测陀螺在加电时有数据输出,并正常工作。

(2)将被测陀螺的输出串口接于测试计算机的串口 COM_1 上,插牢。

(3)测试显示软件是基于多线程编写的,因此测试时最好减少计算机其他程序运行的数量。

(4)集成运算放大器的正、负电源极性不要接反,不要将输出端短路,否则会损坏芯片。

第5章　陀螺稳定平台综合性实验

陀螺稳定平台综合性实验包括设计演示、验证、创新实验,目的是加深学生对陀螺稳定平台相关知识的理解,培养学生理论联系实际的能力。

实验1　双轴陀螺稳定平台控制系统设计创新实验

一、设计目的

(1)了解双轴陀螺稳定平台的组成、工作原理以及运转工作过程。
(2)学习双轴陀螺稳定平台控制回路设计的方法。
(3)学习控制系统的设计方法。

二、设计任务与要求

稳定平台作为一类复杂精密的机电设备,它的控制系统是一种具有高频响、超低速、宽调速、高精度等特点的精密伺服系统。我们以教学陀螺稳定平台为研究对象,通过对稳定平台结构分析、系统建模、控制算法、硬件电路设计及软件编写,成功地设计一款双轴陀螺稳定平台伺服控制系统,实现了对稳定平台的实时控制性。如图5.1所示。

图 5.1　双轴实验教学陀螺稳定平台

要求:(1)当把摄像机放在陀螺稳定平台上,平台在飞机、船舶或其他移动的交通工具上时,摄像机镜头始终能保持平稳状态,不至于使镜头拍摄出来的画面随着飞机或车辆的颠簸而抖动,甚至画面跳出镜头外,从而拍摄出流畅、顺滑的画面。

(2)从稳定平台引出陀螺、加速度计的测量信号,通过 RS232 串口线传到上位机进行数据显示。

(3)系统采集数据速度快、精度高、稳定性好。

(4)陀螺稳定平台控制系统主要性能指标要求如下:

①零位漂移速率:小于 $0.04(°)/s$。

②快速扶正精度：±2°。

③最小敏感角速度：0.03(°)/s。

④最低平稳跟踪速度：0.10(°)/s。

⑤横滚、俯仰跟踪误差(均方根值)：不大于 1 mrad。

三、可选元器件

(1)实验教学陀螺稳定平台(平台参数见平台手册)。

(2)电源。

(3)示波器。

(4)函数信号发生器。

(5)数字万用表。

(6)计算机。

(7)摄像机。

(8)倾斜仪。

四、设计原理

对基于 DSP 运动控制模块的双轴稳定平台伺服控制系统进行总体设计

双轴陀螺稳定平台用来隔离载体非平稳飞行带来的角运动及机械振动，它的主要任务是通过陀螺信号的反馈构成控制回路以隔离外界环境对系统造成的扰动，保证平台的水平稳定功能。因此稳定平台控制系统其实是具有多闭环的伺服系统。伺服控制系统的应用领域较广泛，其基本要求是输出量能迅速而精确地响应指令输入的变化，所以伺服系统也常称为随动系统或自动跟踪系统。

双轴陀螺稳定平台伺服系统由俯仰伺服系统和横滚伺服系统组成，两个分系统的结构基本相同，相互独立。为了实现稳定平台高精度和高可靠性控制，控制系统采用多闭环的串级复合控制方案，由伺服控制器、接口电路、伺服驱动器、轴方向两个控制分系统、传感器和直流力矩电机组成。以俯仰轴为例，其工作原理如图 5.2 所示。将模拟电流环和稳定环串联组合，电流环由电流传感器构成电枢电流负反馈，以减小电流电压波动的影响，从而提高控制力矩的线性度，实现对电流的平稳控制，使之不发生突变。速度反馈环为调速系统的反馈环，利用陀螺测定平台角速度信号并反馈，速度控制器对其解算后作为伺服放大器的部分输入来控制伺服电机转动，经减速器减速后带动平台转动，使其在惯性空间保持稳定。反馈

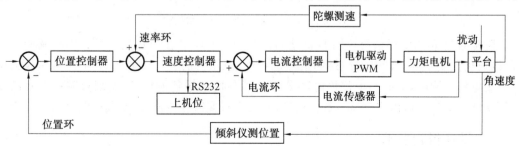

图 5.2　俯仰轴伺服控制系统框图

环很好地完成了电机的快速、平稳驱动,通过陀螺敏感各种角速度,保证平台的稳定性。同时,位置环利用倾角仪测定平台和水平面的绝对角度,与指令角度比较得到角度偏差,经位置控制器解算后,再与陀螺反馈信号比较,速度控制器对其解算后作为伺服放大器的输入值,控制电机转动,使平台稳定在目标位置。

需要指出的是,双轴陀螺稳定平台是相对惯性空间绕双轴保持稳定的双轴稳定装置,实际上由两套单轴陀螺稳定系统正交配制而成,其作用原理与单轴陀螺稳定器相同。差别就是两个轴间存在互相影响,即耦合效应。为此陀螺在安装时要使各陀螺敏感轴与各自框架轴线水平,并保持两轴正交,转动相互独立,以免造成陀螺敏感轴方向上的误差和各轴系之间的耦合效应。注意稳定平台的两套稳定回路只有在解耦之后方能视为各自独立的稳定回路。

五、设计提示

(1)设计硬件电路原理及接线图,确定各端口地址。

(2)设计程序流程图。

(3)按设计要求编写软件程序。

(4)按自行设计的调试方案调试。

控制系统中比较重要的部件包括主控芯片、功放和位置检测元件,元器件选择原则是简单实用,使用、购买方便,已被大量应用,可靠稳定;方便系统以后升级,替换容易;军品级芯片可供选用。

速度控制器可采用 DSP 控制器,伺服控制器包括 DSP 模块,电源模块,陀螺与 DSP 通信模块,陀螺选通信号电平转换模块,DSP 与上位机通信模块和 DA 转换模块六大模块。伺服控制系统的硬件结构如图 5.3 所示。

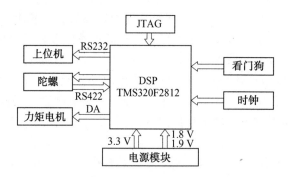

图 5.3　伺服控制系统的硬件结构

陀螺通过 RS422 通信协议同 DSP 进行通信,同时 DSP 输出选通信号分别控制两个陀螺,以简化控制难度。DSP 对陀螺的信号进行处理后再通过 D/A 转换、PWM 功率放大驱动力矩电机。同时,DSP 与上位机通过 RS232 通信协议进行通信,以实现对陀螺信号的观测等功能。上位机可以实时显示数据信号,并可进行实时在线滤波,采集的数据自动保存。

六、设计报告要求

(1)写明设计题目、设计任务、设计环境以及所需要的设备元器件。

（2）绘制经过试验验证、完善后的电路原理图。

（3）编写设计说明、使用说明与设计小结。

（4）列出设计参考资料。

（5）提交数据接收主界面截图，提交编写程序。

七、注意事项

（1）转动陀螺稳定平台两个平衡环的动作不要过大，注意其俯仰轴和横滚轴的工作范围。

（2）做实验时，用手指在平台内外框架上施加人为外力矩时，请注意不要用力过猛、过大，能观察到力矩现象即可。

（3）实验过程中，每当更改电路时，必须首先断开电源，严禁带电操作。

实验 2　双轴陀螺稳定平台结构展示实验

一、实验目的

（1）掌握双轴陀螺稳定平台的结构特点。

（2）掌握双轴陀螺稳定平台工作原理，并能对其稳定回路及工作过程做出分析。

（3）深化课堂讲授的有关陀螺稳定平台的相关内容。

二、仪器与设备

（1）双轴液浮积分陀螺稳定平台。

（2）双轴光电陀螺稳定平台。

三、实验原理

合理的机械结构是稳定平台实现其功能的重要前提。在陀螺稳定平台发展的不同的阶段，出现过多种环架结构形式，如有哑铃式环架结构、分块组合式环架结构、悬臂式环架结构、浮球式环架结构等。在进行平台的环架结构设计时，既要考虑元件的密集性和装配维修的方便，还要考虑惯性元件及其他机电元件体积的大小，尤其是要根据使用对象的具体情况来考虑。对于在体积和机动性等方面有较高要求的情况下，陀螺稳定平台常采用外装式整体环架结构。

陀螺稳定平台一般采用环架结构，由装有惯性元件和机电元件的两个环架通过轴承连接在一起，从而获得相互转动自由度的机械装置，主要由平台台体、框架系统（即内框架、外框架、基座）、稳定系统（由平台台体上的敏感元件陀螺仪、伺服放大器和框架轴的直流力矩电机、控制器等构成，又称稳定回路、伺服回路）、跟踪系统（由加速度计等构成）、供电电源、导线和连接电缆等组成。外环轴与载体俯仰轴平行，内环轴与载体横滚轴平行。在内环和外环轴两端分别装有传感器和伺服电机。伺服电机转子同内环、外环固联在一起，伺服电机定子固定在相应的内环、外环上。两个单自由度陀螺仪分别检测载体俯仰和横滚角速度。陀螺马达分别安装在陀螺仪中，以陀螺仪轴为进动轴，两进动轴之间互相垂直，分别与载体的俯仰和横滚轴线平行。

(1)两个平衡环。

两个平衡环包括外环(又称横滚平衡环)和内环(又称俯仰平衡环)。框架结构保证了内环可以相对外环转动,外环支撑于平台基座上,可相对于基座转动。两个环架转轴分别称为内环轴(又称俯仰轴)和外环轴(又称横滚轴)。平台在载体安装时,一般使平台外环轴与载体纵轴一致。

(2)两个单自由度液浮积分陀螺。

两个单自由度液浮积分陀螺。既可以敏感作用在平台上的干扰力矩使平台转动一定角速度,也可以敏感载体绕平台轴旋转而带动平台绕平台轴转动的角速度,再通过伺服电机产生伺服力矩与干扰力矩和陀螺力矩平衡,从而以稳态使平台保持原来的空间方位不变,以实现陀螺稳定平台的空间稳定功能。

(3)两个加速度计。

陀螺仪作为敏感平台相对惯性空间旋转运动的测量元件,通过伺服回路(或称稳定回路),控制平台绕稳定轴相对惯性空间保持方位稳定;加速度计通过修正回路,使平台始终跟踪当地地理坐标系。

(4)两个力矩电机。

外环轴力矩电机的定子固定在基座上,转子轴与外环轴固联;内环轴力矩电机的定子固定在外环上,转子轴与内环轴固联;两个力矩电机是稳定系统的执行元件,可以驱动环架组件相对其支承体转动。外框架由交流伺服电机经谐波减速器驱动绕 x 轴做俯仰向转动,内框由交流伺服电机经谐波减速器驱动绕 y 轴做横滚向转动。

目前使用的电机有直流伺服电动机、交流伺服电动机、步进电机以及直流力矩电机等。力矩电机是一种能够将电流或者电流脉冲转换为力矩的电机,其主要特点是可以长期在堵转状态下运行,可以和负载直接相连而无需加装减速齿轮,避免空回。除此之外,力矩电机还具有反应快、耦合刚度大、低转速、精度高、线性度好和体积小等优点。根据平台稳定系统低转速、大转矩的工作要求,这里选择用直流力矩电机作为稳定平台伺服系统的执行元件。

(5)伺服放大器。

从陀螺仪信号传感器的输出信号经放大器放大、校正等环节到达驱动电机共两条稳定回路。

(6)两个平台角度传感器。

角度传感器是载体姿态角输出元件。在平台的摇纵轴和横摇轴上分别装有角度传感器,以用于输出载体的俯仰角和航向角。

除上述元件,两轴平台中还有减震基座、输电装置等。这种外装式整体环架结构形式的特点是:台体结构紧凑,支承环架从外向里依次包围,有利于减轻质量和缩小体积。各环均为环架结构,刚性大,有利于提高系统精度及结构谐振频率。横滚、俯仰驱动系统应具有良好的传动性能,工作可靠,维护方便。稳定平台具有足够的稳定精度,布局合理。稳定平台具有俯仰角、横滚角锁定功能和机械限位保护功能。

四、实验要求

(1)掌握陀螺稳定平台的工作原理。

（2）了解陀螺稳定平台的结构特点。

五、实验内容及步骤

1. 观察双轴液浮积分陀螺稳定平台的结构特点，并分析其工作原理

双轴液浮积分陀螺稳定平台由单自由度浮子积分陀螺仪、加速度计、信号放大器、平台控制器、力矩电机、减速器及稳定对象（平台）组成。

液浮积分陀螺是一种采用液浮支承的单自由度积分陀螺，固定在平台台体上，分别稳定纵摇轴和横摇轴两个稳定轴，能够敏感绕输入轴非常小的角速度或转角。液浮积分陀螺采用浮筒液浮支承，将陀螺转子和内环框架做成浮筒状的圆柱式密封容器，即浮子内环框架组合件，通过轴承将浮筒的转轴装在仪表壳体内，使转子具有绕内环轴的自由度。当浮筒转动时，浮液起到了阻尼约束作用。

2. 了解双轴液浮积分陀螺稳定平台的性能指标

（1）零位漂移速率：$<0.04(°)/s$；

（2）快速扶正精度：$\pm 2(°)$；

（3）最小敏感角速度：$0.03(°)/s$；

（4）平台俯仰轴工作在$\pm 30°$范围内，横滚轴工作在$\pm 20°$范围内；

（5）俯仰和横滚最大速度：$70(°)/s$；

（6）最低平稳跟踪速度：$0.1(°)/s$；

（7）俯仰角精度跟踪速度：$40(°)/s$；

（8）质量<10 kg。

3. 了解双轴液浮积分陀螺稳定平台的发展与应用

4. 观察双轴光纤陀螺跟踪稳定平台的结构特点及伺服系统构成，并分析其工作原理

双轴光纤陀螺跟踪稳定平台系统由稳定内回路和跟踪回路组成，系统工作时，一方面稳定回路依靠惯性器件实时敏感载体相对惯性空间的偏离，并通过稳定控制器进行实时纠正，保证成像传感器视轴和引起它抖动的各种干扰源相隔离，使其在惯性空间保持相同的角度瞄准方向而和载体的振动无关或者使其残余的晃动量保持在所允许的范围内，为成像传感器提供一个能获取稳定图像的平台；另一方面为了能对目标进行跟踪观测，平台作为跟踪系统的内回路，为跟踪器提供跟踪指令输入以及平台角度和角速度信号反馈。通过手动/自动扫描搜索视场、锁定目标后，系统进入自动跟踪模式，跟踪控制器接收目标脱靶量指令，控制平台转动，使视轴始终对准被测目标。因此，双轴光纤陀螺跟踪稳定平台从伺服控制角度而言，其实质为"视轴稳定与跟踪系统"，稳定分系统的主要任务是使光学传感器与载体的姿态变化、振动等相隔离，使视轴稳定在固定的惯性空间。

5. 了解双轴光纤陀螺跟踪稳定平台的性能指标

（1）稳定隔离度：$\geqslant 30$ dB；

（2）稳定精度：横摇角$\leqslant \pm 1°$，纵摇角$\leqslant \pm 1°$；

（3）平台质量<15 kg；

（4）平台尺寸：$\leqslant 240$ mm$\times 240$ mm$\times 200$ mm；

6. 了解双轴光纤陀螺跟踪稳定平台的发展与应用

六、实验报告

(1)简述双轴液浮积分陀螺稳定平台的基本构成和工作原理。

(2)简述陀螺稳定平台的分类?

(3)测量元件陀螺漂移对惯性导航平台的性能有何影响? 如何处理?

(4)简述双轴光纤陀螺跟踪稳定平台结构组成及其先进性。

(5)如何用单轴稳定器(跟踪器)的原理解释惯性导航平台稳定回路和跟踪回路动特性的主要特点。

七、实验注意事项

(1)转动陀螺稳定平台两个平衡环的动作不要过大,注意其俯仰轴和横滚轴工作范围。

(2)做实验时,用手指在平台内外框架上施加人为外力矩时,请注意不要用力过猛过大,能观察到力矩现象即可。

(3)实验结束后,请确认关闭电源。

实验 3　平台式惯性导航系统初始对准实验

一、实验目的

(1)通过实验,加深对平台式导航系统初始对准过程的理解;

(2)通过实验,了解陀螺仪、加速度计在初始对准中的重要作用。

二、仪器与设备

(1)三轴转台。

(2)电控箱。

(3)运动控制卡。

(4)IMU 测量单元。

(5)计算机。

三、实验原理

惯性导航初始对准的目的主要是消除系统由于原理、器件的误差以及安装偏差等原因引起的初始偏差,给随后的导航过程提供一个精确的初始环境,以免"失之毫厘,谬以千里"。对于实际应用的平台式惯性导航系统,导航准备阶段的对准过程主要是使平台坐标系跟踪导航坐标系,在指北方位系统中就是使平台坐标系与地理坐标系重合。为了达到初始对准精而快的要求,陀螺仪和加速度表必须具有足够高的精度和稳定性,系统的鲁棒性要好,对外界的干扰不敏感。

平台式惯性导航系统实验装置由电控箱、转台本体、惯性测量单元及由运动控制卡和计算机等部分组成,如图 5.4 所示。

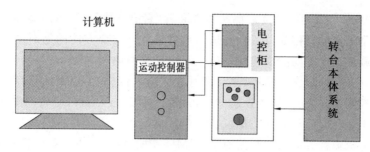

图 5.4　平台式惯导系统实验装置图

转台本体由机械结构件（含 PAN 和 TILT 两个转动关节）、伺服电机（三套）以及限位开关组成。台体采用 U－U－T 结构形式，具有位置、速率、摇摆和仿真运动功能，可用于各类飞行器目标特性飞行控制系统仿真试验。电控箱由伺服驱动器、I/O 接口板、开关电源以及开关和指示灯等电气元件组成。

实验用伺服电机为 40 000 线，采用专用运动控制器 ADT－8940A1 四轴运动控制卡进行控制，该卡插入到计算机机箱 PCI 卡槽中，通过 PCI 总线连接于个人 PC 系统上，采用 RS232 接口进行数据传输，控制电机完成指令运动并返回输出值。ADT－8940Al 运动控制卡支持即插即用，脉冲输出方式。转台在极限位置装有两个限位开关，当转台运动到限位处时，限位信号使转台即刻停止。

转台本体由内环横滚轴框架、中环俯仰轴框架和外环方位轴框架组成相互垂直的三维转动架构。转台的三个轴均采用直流力矩电机驱动旋转和增量式光电编码器控制。实现三维空间任意位置和角度的连续姿态测量。具有位置、速率和摇摆三种测试功能。三轴采集控制器通过 USB 或串行接口连接计算机实现航姿模块信号的采集与电动转台的测量控制。其电控箱由伺服驱动器、I/O 接口板、开关电源以及开关和指示灯等电气元件组成。伺服驱动是西安铭朗电子科技有限公司生产的 MLDS3160－RS232 控制直流伺服驱动器（原 MLDS3810），它接收来自 ADT－8940A1 运动控制卡的 PWM 和 DIR 控制信号。伺服驱动器的控制模式有速度模式、位置模式和步进模式三种，本系统采用的是步进模式。

控制平台由与 IBM PC/AT 机兼容的 PC 机、带 PCI 插槽、运动控制器、串口扩展口以及用户接口软件构成。其工作原理如图 5.5 所示。

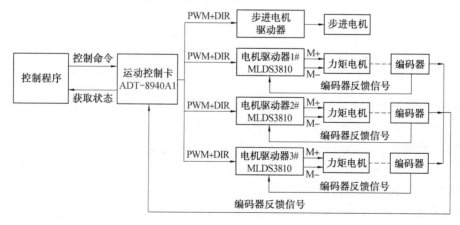

图 5.5　飞行器姿态控制设备控制原理图

IMU 模块是一款微型的全姿态测量传感装置,它由三轴 MEMS 陀螺和三轴 MEMS 加速度计两种类型的传感器构成。三轴陀螺用于测量载体三个方向的绝对角速率,三轴加速度计用于测量载体三个方向的加速度。通过陀螺仪实时测量数据,计算出当前陀螺仪所在位置的角速度、加速度、温度和角度,并且实时返回给上位机,上位机执行控制算法程序,发出指令给运动控制卡,运动控制卡控制电机,让转台转动,使转台三个转轴做出相应转动,改变陀螺仪的输出,校准陀螺仪,使陀螺仪实时测量值趋于零值(即陀螺仪输出的数值尽量靠近零点位置),完成惯性导航系统初始对准。IMU 初始对准,完成导航坐标系对准当地地理坐标系。

惯性测量单元采用 ANGLOG DEVICES 公司的 IMU 组件 ADIS16365,如图 5.6 所示。陀螺数据输出后通过陀螺基座面板转化为八位数据输出,每周期以 AA 为字头输出七个数据,通过上位机的串口进行读入。作为初始对准过程中的主要惯性敏感器件,装置基本参数见表 5.1。

图 5.6　惯性测量单元 IMU 组件图

表 5.1　IMU 器件参数

指标名称	数值	
	陀螺仪	加速度计
输入电压/V	4.75～5.25	
动态范围	±300(°)/s	±1g
分辨率	0.05(°)·s/(LSB)	3.33 m/(LSB)
工作温度/℃	−40～+105	
3 dB 带宽/Hz	330	
零偏值	±3(°)/s	±50g

惯性导航系统初始对准包括粗对准和精对准。先进行粗对准,粗对准即快速扶正过程,扶正过程的原理主要是根据惯性测量单元的加速度计输出为基准,当惯性单元水平调平时,加速度计应有两轴输出小于一定阈值,竖直方向输出接近地球重力加速度。所以,根据转台各轴的工作范围,扶正策略采用象限分析的方法。获取 ReadTuoLuo 函数读取转化后的加速度计输出值,获得每轴的极性,就可以判断出此时三轴所在象限的位置,进而调用单轴相对运动函数根据控制策略(表 5.2),进行对准。由于各种误差的存在,需要在粗对准基础上进一步进行精对准,以达到对准的要求。一般采用卡尔曼滤波技术进行初始对准的精对准任务。

表 5.2　平台对准控制策略

极性(1 代表＋，0 代表－) [轴1 轴2 轴3]	轴2转动方向 (＋代表顺时针，－代表逆时针)	轴2转动方向 (＋代表顺时针，－代表逆时针)
[0　0　0]	＋	－
[0　0　1]	－	－
[0　1　0]	＋	－
[0　1　1]	－	－
[1　0　0]	＋	－
[1　0　1]	－	＋
[1　1　0]	＋	＋
[1　1　1]	－	＋

四、实验要求

(1)了解三轴转台工作原理；

(2)掌握光电跟踪系统组成及工作原理；

(3)掌握惯性导航初始对准原理。

五、实验内容及步骤

(1)将惯性测量单元固定于3轴的固定圆盘上即构成了一平台式惯性导航系统。通过陀螺仪实时测出当前陀螺仪所在位置的角速度、加速度和温度，并且实时返回给上位机。

(2)检查电源线、数据线是否安装正确。

(3)打开控制箱后面板的电源总开关。如图 5.7 所示。

(4)打开计算机和电控箱电源开关。半旋转按下控制箱前面板系统上的强电按钮(右边红色按钮)，此时红色指示灯亮，然后按下电机上伺服按钮(下边绿色按钮)，绿色指示灯亮。如图 5.8 所示。

图 5.7　控制箱后面板　　　　　　　图 5.8　控制箱前面板

(5)运行 MATLAB 软件，在 C:\MATLAB7\work\Reinovo_Matlab 下，点击运行 Reinovo_PT.fig，则弹出控制界面图，系统界面如图 5.9 所示。

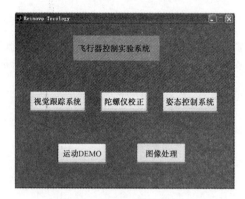

图 5.9　教学实验软件界面

注:本软件基于 MATLAB 7.0 平台编制而成。实验的原程序\Reinovo_Matlab 已经复制到 MATLAB 工作目录下,并将 MATLAB 当前的路径设置到该文件夹下,如图 5.10 所示。

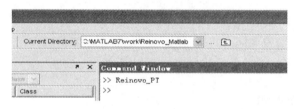

图 5.10　路径设置

(6)点击"陀螺仪校正系统"按钮就可以进入该实验的操作界面。如图 5.11 所示。

注:软件界面的左边坐标轴主要用来显示当前陀螺仪三轴输出的角度曲线,红线为转台运动状态,蓝线为传感器运动状态。界面右边为数据显示区,主要是陀螺仪的实时测量角度也即转台转轴的旋转角度大小。界面的右边下方主要是控制按钮。

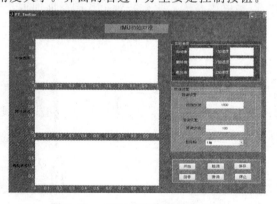

图 5.11　IMU 校准实验操作界面

(7)主界面的左上角菜单项包括 FILE 和 TOOL。其中 FILE 主要用来打开文件和保存数据为 txt 格式。TOOL 子菜单用来初始化系统硬件,点击 TOOL 菜单,弹出子菜单如图 5.12 所示。

单击运动控制卡初始化。

注:Controller Card 用来初始化运动控制卡,主要是调用控制卡自身带的库函数,使系

统能够进行下一步操作。

若设备出现故障则会弹出相应的初始化出错对话框,如图 5.13 所示。

图 5.12　初始化子菜单　　　　　　　　图 5.13　初始化出错对话框

程序的初始化过程主要是参数的初始化过程。参数初始化部分主要是用户自定义全局变量、application data 的定义以及初始化。程序初始化之后主要分为陀螺/电机控制卡初始化、文件保存路径初始化以及定时器初始化三部分。其中陀螺/电机控制卡初始化通过过程是通过图中菜单栏的 Tool 选项。在后台程序中,陀螺的初始化过程是通过 serial 函数对串口 COM1 的初始设定,并将其保存到 handles 结构体当中,主要设定波特率(BaudRate)为 115 200、数据格式(DataBits)、奇偶校验位(Parity)、停止位(StopBits)以及缓冲寄存器大小(InputBufferSize)等主要数据。其函数语句如下:

handles. TuoLuo＝serial('COM1','BaudRate',115200,'DataBits',8,'Parity','none','StopBits',1,'InputBufferSize',64)

继而应用 fopen 函数打开 handles 结构体中存储定时器的字节即可运行定时器。

对控制卡的初始化主要是加载运动控制卡驱动的头文件(8940A1. h 文件)、函数库(8940A1. lib 文件)以及动态链接库(8940A1. dll 文件)。进而 MATLAB 就可以调用驱动程序达到控制转台按指定命令运转的效果。在陀螺/电机控制卡初始化完成后会对相应标志位进行设置,允许程序的继续运行。

定时器初始化部分主要是对定时器(Timer)的各个参数进行初始设定。定时器是在一定计数周期完成定时器功能的函数(TimerFcn)循环结构体。定时器(Timer)在运行以后就以独立的周期性重复调用定时器功能函数,并独立于主程序之外。

(8)单击 转台回零 ,转台开始回零运动。回零顺序:x 轴(下轴);y 轴(中轴);z 轴(上轴)。

注意:实验开始之前一定要进行转台回零操作! 在设备的部分硬件未初始化之前转台回零操作按钮 转台回零 为不可用。硬件初始化完成以后,转台回零操作按钮自动变为可用。

在转台回零完成之前,其他的操作都为无效! 由于 MATLAB 程序执行效率较低可能导致程序无法响应,所以在转台回零完成前禁止其他操作!

转台正常回零结束之后,转台回到机械零点,摄像头应正对靶标中心位置,即 24 号 LED 灯应完全处在摄像机的视场正中心位置。若偏差过大则应重新调整回零参数,参考转台回零按钮回调函数中的红色部分:

function PB_GoHome_Callback(hObject, eventdata, handles)

x 轴回零指令:

calllib('lib','symmetry_relative_move',0,1,16968+250,1000,4000,0.1);
y 轴回零指令：
calllib('lib','symmetry_relative_move',0,2,15452+300,1000,4000,0.1);
z 轴回零指令：
calllib('lib','symmetry_relative_move',0,3,15000+1000,1000,4000,0.1);

  根据实际偏差调整每个轴的回零参数，调整完成后单击运行(Run)图标。重复上述步骤，直至回零成功。若各轴回零正常，则此步骤省略。

  在初始化过程完成之后，各标志位被重置，正式进入操作阶段。

  (9)点击"开始"按钮，观察图中曲线。IMU 初始对准界面左边坐标轴主要用来显示当前陀螺仪三轴输出的角度曲线，红线为转台运动状态，蓝线为传感器运动状态。

  (10)设置粗调和微调的步长。点击"粗调"按钮，使平台惯性导航系统粗对准，转台的三个转轴会被快速扶正。观察陀螺仪输出曲线，让陀螺仪输出的数值尽量靠近零点位置。此时陀螺仪的三轴近似为当地地理坐标系。

  (11)点击"微调"按钮，使平台惯性导航系统精对准，观察陀螺仪输出变化曲线。

  如果角度偏离零点过大可以采用粗调的方式来控制转轴。偏离零点较小可以采用微调的方法来控制，如图 5.14 所示。

  (12)初始对准结束，点击"结束"按钮，关闭程序，关闭电控箱，最后关闭主机。

图 5.14 平台式惯导系统初始对准实验效果图

六、实验报告

  (1)惯性测量机制是建立在什么原理之上的？
  (2)完成系统功能描述(表 5.3)。

表 5.3 惯性导航系统功能描述

项目	分类	详细描述
1		系统上电自检
2		实时采集载体 x,y,z 三个方向的角度值
3	基本服务	
4		建立惯性导航实验装置与服务器的通信
5		
6		记录采集数据
7		载体运动实时显示、回放
8	高级服务	使用者可使运行中断、中断结束时继续运行

(3)按表5.4完成惯性导航实验系统配置描述。

表 5.4　惯性导航实验装置描述

项目	分类		功能描述
1	监测设备	单项陀螺仪	完成角度测量
2		加速度计	完成加速度测量
3		惯性导航模块 IMU	
4	处理系统	电控箱	数据采集
			完成与上位机的通信
5		计算机	航空仪表方式显示参数
			采集数据解算、存储采集数据及结算数据
6		电源装置	

(4)图像绘制。

根据保存的陀螺数据绘制三轴陀螺输出积分曲线。

七、实验注意事项

(1)避免在高温和潮湿的环境中使用本系统。

(2)系统转台本体应该平稳地放在水泥地面上(或者用螺钉紧固在稳定的底座上),且应有足够的空间位置,不能和其他物体有干涉。

(3)不遵守该指示可能会造成机械本体的损坏。

(4)控制柜应该保持良好接地,实验室场地必须提供接地良好的电源输入。

(5)遵循"先弱电、后强电"的步骤,开机时先开启 PC 电源,再开启控制箱的电源;关机的顺序相反。

(6)在转台控制箱电源打开的情况下,不要打开控制箱,不要带电操作。此种情况可能会导致人员灼伤或触电。

(7)伺服上电操作后,转台已经处于待运动状态,任何非法操作都可能引起转台的运动。因此在系统上电以前,请确认所有人员均不在转台工作空间范围内。

(8)在系统动作时,所有人员不得进入系统的运动范围内。

(9)使用控制软件操作转台时,应该确保在发生紧急情况时能够快速通过控制箱上急停按钮切断电机电源。

(10)在进行系统连线、拆卸与安装前,必须关闭系统所有电源。

(11)使用前请仔细检查连线。

(12)系统运行时严禁将手或身体的其他部位伸入转台运动部分。

(13)定期检查转台的机械结构连接部件，以防紧固部位松脱。

(14)任何实验开始之前转台一定要先进行回零动作。

第6章 惯性导航系统综合性实验

惯性导航系统综合性实验包括演示、验证、仿真实验以及创新设计实验,目的是加深学生对惯性导航系统相关知识的理解和掌握,培养学生理论联系实际的能力和综合分析的能力。

实验1 GPS接收机OEM板开发设计实验

一、设计目的

(1)了解GPS系统接收机工作原理。
(2)掌握GPS接收机OEM板开发方法,提高自主创新能力。

二、设计任务与要求

请设计一套GPS接收机OEM板,能够完成确定对象的位置坐标、绝对速度向量、定向参数等功能。导航参数测定精度要求:坐标不超过15~20 m,速度不超过8~15 cm/s,方位角不超过$10'$~$15'$。

三、可选元器件

(1)美国ROCKWELL公司的Jupiter GPS OEM接收板。
(2)ATMEL公司的AT89C51单片机。
(3)电源。
(4)计算机。

四、设计提示

系统硬件主要由GPS接收板、单片机和上位机组成,如图6.1所示。

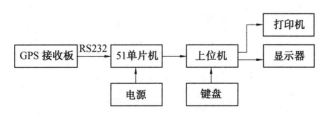

图6.1 系统硬件框图

系统采用51单片机为处理器,采集数据在计算机人机接口界面上显示。

美国ROCKWELL公司的Jupiter GPS OEM接收板有两个串口,主串口传送定位数

据,辅助串口接收 RTCM SC－104 差分数据信号。接口电平为 TTL 电平,通信协议为
9 600 b/s,无校验位,8 个数据位,1 个停止位。根据 GPS OEM 的接口特性,NMEA 消息格
式,主串口输出默认 NMEA 消息集合。按存储在 ROM 中的默认值进行初始化,无动态差
分,采用三线制串口通信和单片机串口相连。电路原理图如图 6.2 所示。

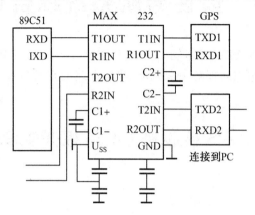

图 6.2　AT89C51 与 OME 板的硬件连接图

　　GPS 数据的接收是整个系统的关键。51单片机采用查询方式对 OEM 板一组 RMC 数
据进行读取,数据存放在起始地址为 80H 的片内 RAM 中;待收到 OEM 板的数据结束标志
"LF"后,这一接收过程才告结束。整个 GPS 数据的接收流程如图 6.3 所示。

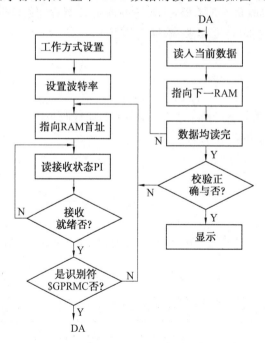

图 6.3　单片机读取 OEM 板输出数据程序流程图

具体设计、搭建、调试的顺序如下:

(1)设计硬件电路原理及接线图,确定各端口地址。

(2)设计程序流程图。

（3）设计、搭建、调试硬件，GPS 接收机 OEM 板接收、处理数据，控制 GPS OEM 板接口电路。

（4）设计、调试软件提取 GPS 接收机 OEM 板输出数据并显示；实现 GPS 接收机 OEM 板相关参数设置、控制功能。

（5）按自行设计的调试方案进行系统调试。

五、设计报告要求

（1）写明设计题目、设计任务、设计环境以及所需的设备元器件。

（2）绘制经过实验验证、完善后的电路原理图。

（3）编写设计说明、使用说明与设计小结。

（4）列出设计参考资料。

（5）提交数据显示与绘图主界面截图，提交编写程序。

六、思考题

（1）GPS 导航在应用中有哪些优缺点？

（2）分析一下哪些因素影响了接收机的测量精度？

实验 2　捷联航姿系统工作过程演示实验

一、实验目的

（1）了解捷联航姿系统样机工作原理。

（2）体会光纤陀螺捷联航姿系统工作过程。

（3）通过对捷联航姿系统实验数据的处理，掌握捷联导航算法。

二、仪器与设备

（1）电源。

（2）光纤陀螺捷联航姿系统（图 6.4）。

三、实验原理

惯性导航与惯性制导系统是自主式的惯性系统，它依靠系统内按正交坐标系配置的陀螺仪和加速度计感知运载体的运动信息，通过计算确定载体的位置、航向和姿态，以此作为控制参数实现系统功能。它完全依靠机载设备自主完成导航任务，和外界不发生任何光、电联系。因此隐蔽性好，工作不受气象条件的限制。这一独特的优点，使其成为航天、航空和航海领域中一种广泛使用的主要导航方法。

图 6.4　光纤陀螺捷联航姿系统

捷联惯导系统中没有稳定平台，而是将加速度计和陀螺仪的基座与载体直接固联，载体转动时，加速度计和陀螺仪的敏感轴指向也随之转动。系统以陀螺仪测量载体的角运动，通过计算得到载体的姿态角,也就确定出了加速度计敏感轴的指向。再通过坐标变换,将加速度计输出的比力信号转换到一导航计算比较方便的导航坐标系上,进行导航计算。这种系统就是捷联式惯性导航系统。该系统由于没有平台实体,结构简单、体积小、维护方便。但惯性元件直接装在载体上,工作环境恶劣,对元件要求很高。同时,由于加速度计输出的加速度是沿载体坐标系轴向的,需经计算机转换到某种导航坐标系中去,计算量要大得多。

捷联式惯性导航系统是一种先进的惯性导航系统。它是将陀螺仪和加速度计直接固连在载体上的惯性导航系统,通过陀螺仪和加速度计分别测量运载体相对惯性空间的转动角速度和线加速度沿运载体坐标系的三个分量,再经过软件解算建立虚拟稳定平台——"数学平台",利用数学平台将运载体坐标系下的加速度计测量转换到导航坐标系,然后进行速度和位置积分解算,即经过坐标变换、计算得到运载体的位置、速度、航向和水平姿态等各种导航信息。

捷联式惯导系统原理如图 6.5 所示。

加速度计 A_x,A_y,A_z 和陀螺 G_x,G_y,G_z 分别向惯性导航计算机提供舰船沿横滚、俯仰和偏航轴所具有的加速度 f_{ib}^b 和转动的角速率信息 ω_{ib}^b。而舰船坐标系相对地理坐标系的旋转角速率 $\omega_{tb}^b = \omega_{ib}^b - \omega_{it}^b$。地理坐标系相对惯性坐标系的旋转角速率 ω_{it}^t ($\omega_{it}^b = C_t^b \omega_{it}^t C_b^t$) 由初始条件提供。计算机依据方向余弦矩阵微分方程 $\dot{C}_b^t = C_b^t \omega_{tb}^b$,便可以实时计算出舰船坐标系和地理坐标系之间的方向余弦矩阵,通过这个方向余弦矩阵的分解,便可将加速度计的输出变换为舰船沿地理坐标系的加速度分量。然后,利用加速度的一般表达式,对有害加速度进行补偿,就得到舰船沿地面的运动加速度,将其积分,得到地速分量,进行相应的转换,得到经、纬度的变化率,再对其积分,最终得到舰船瞬时位置的经度 λ 和纬度 φ。

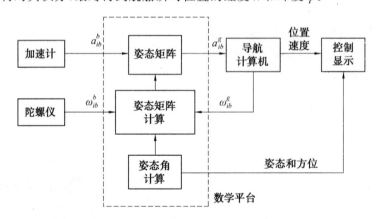

图 6.5　捷联式惯导系统原理图

在捷联惯性导航系统中,加速度计是沿机体坐标系 $Ox_by_bz_b$ 安装的,它只能测量沿机体坐标系的比例分量,因此需要将比例分量转换。实际中,机体坐标系到平台坐标系坐标转换的方向余弦矩阵称为捷联矩阵;由于根据捷联矩阵的元素可以单值确定飞行器姿态角,因此又可称为姿态矩阵。姿态矩阵有两个作用:其一,实现坐标变换,即把沿运载体坐标系各轴的加速度信号变换成沿导航坐标系各轴的加速度信号,这样才能进行导航参数计算;其二,利用姿态矩阵的元素,提取姿态和航向信息。

进行捷联矩阵即时修正常用的有以下几种算法:欧拉角法、方向余弦法、四元数法,以及

Bortz,Miller,和 Jordan 提出的旋转矢量(rotation vector)算法(转动矢量算法)。

1. 捷联矩阵

定义:平台坐标系比力分量 —— $\boldsymbol{f}^p = \begin{bmatrix} f_x^p & f_y^p & f_z^p \end{bmatrix}^{\mathrm{T}}$。

机体坐标系比力分量 —— $\boldsymbol{f}^b = \begin{bmatrix} f_x^b & f_y^b & f_z^b \end{bmatrix}^{\mathrm{T}}$。

捷联矩阵 —— $\boldsymbol{C}_b^p$。

设机体坐标系 $Ox_b y_b z_b$ 固连在飞行器的机体上,其 Ox_b,Oy_b,Oz_b 轴分别为飞行器的横轴、纵轴和竖轴,如图 6.6 所示。若选取地理坐标系作为理想的平台坐标系,则实现由机体坐标系至平台坐标系坐标转化的捷联矩阵 $\boldsymbol{C}$ 应满足下列矩阵方程:

$$\begin{bmatrix} x_p \\ y_p \\ z_p \end{bmatrix} = \boldsymbol{C} \begin{bmatrix} x_b \\ y_b \\ z_b \end{bmatrix} = \begin{bmatrix} C_{11} & C_{12} & C_{13} \\ C_{21} & C_{22} & C_{23} \\ C_{31} & C_{32} & C_{33} \end{bmatrix} \begin{bmatrix} x_b \\ y_b \\ z_b \end{bmatrix} \tag{6.1}$$

当矩阵 $\boldsymbol{C}$ 求得后,沿机体坐标系测量的比力 $\boldsymbol{f}^b$ 就可以转换到平台坐标系上,得到 $\boldsymbol{f}^p$。从而可以进行导航计算。显然有

$$\boldsymbol{f}^p = \boldsymbol{C} \boldsymbol{f}^b \tag{6.2}$$

图 6.6 中还示出了由平台坐标系至机体坐标系的转换关系。其中 φ_G,θ,γ 分别为飞行器的格网航向角、俯仰角和滚转角。对于游动方位系统,y_p(格网北)和 y_t(真北)的夹角为游动方位角 α。则飞行器的纵轴在水平面上的投影(沿 y_p 轴)与真北(沿 y_t 轴)的夹角即为航向角 φ,且有

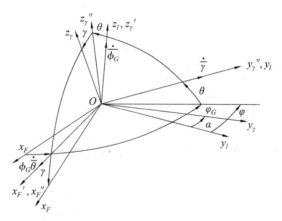

图 6.6　平台坐标系与机体坐标系的关系

$$\varphi = \varphi_G + \alpha \tag{6.3}$$

上述旋转顺序,可得坐标由平台坐标系到机体坐标系的转换关系。

$$\begin{bmatrix} x_b \\ y_b \\ z_b \end{bmatrix} = \boldsymbol{C}^{-1} \begin{bmatrix} x_p \\ y_p \\ z_p \end{bmatrix} \tag{6.4}$$

其中,

$$C = \begin{bmatrix} \cos\gamma\cos\varphi_G - \sin\gamma\sin\theta\sin\varphi_G & -\cos\theta\cdot\sin\varphi_G & \sin\gamma\cos\varphi_G + \cos\gamma\sin\theta\sin\varphi_G \\ \cos\gamma\cdot\sin\varphi_G + \sin\gamma\sin\theta\cos\varphi & \cos\theta\cdot\cos\varphi_G & \sin\gamma\sin\varphi_G - \cos\gamma\sin\theta\cos\varphi_G \\ -\sin\gamma\cos\theta & \sin\theta & \cos\gamma\cos\theta \end{bmatrix} \tag{6.5}$$

2. 由捷联矩阵确定飞行器的姿态角

由式(5.19)可以看出捷联矩阵(或姿态矩阵)C是φ_G,θ,γ的函数。由C的元素可以单值地确定φ_G,θ,γ然后再由式(6.3)确定φ_G,从而求得飞行器的姿态角。

为了单值地确定φ_G,θ,γ的真值,首先给出它们的定义域,俯仰角φ_G的定义域为$(-\pi/2,\pi/2)$,滚转角θ的定义域为$(-\pi,\pi)$,格网航向角r的定义域为$(0,2\pi)$。

根据C矩阵的元素可确定φ_G,θ,γ主值,即

$$\theta_1 = \sin^{-1} C_{32}$$

$$\gamma_1 = \tan^{-1} -\frac{C_{31}}{C_{33}} \tag{6.6}$$

$$\varphi_{G1} = \tan^{-1} -\frac{C_{12}}{C_{22}}$$

上面各式中,θ_i就是其真值,而滚转角与网格航向角的定域与反正切函数的主值域不一致,所以在求得主值后还要根据下述两式来确定其真值。

$$\gamma = \begin{cases} \gamma_1 & C_{33} > 0 \\ \gamma_1 + 180° & C_{33} < 0, \gamma_1 < 0 \\ \gamma_1 - 180° & C_{33} < 0, \gamma_1 > 0 \end{cases} \tag{6.7}$$

$$\varphi_G = \begin{cases} \varphi_{G1} & C_{22} > 0, \varphi_{G1} > 0 \\ \varphi_{G1} + 360° & C_{22} > 0, \varphi_{G1} < 0 \\ \varphi_{G1} + 180° & C_{22} < 0 \end{cases} \tag{6.8}$$

当角φ_G确定后,再由$\varphi = \varphi_G + \alpha$确定飞行器的航向角。$\varphi$的定义域为$(0,2\pi)$,给定了游动方位角$\alpha$的定义域为$(0,2\pi)$,$\varphi_G$的定义域为$(0,2\pi)$,于是由上式计算的$\varphi$就有可能处于$(0,4\pi)$的区间,为使$\varphi$仍处于它的定义域中,需要做如下判断:

$$\varphi = \begin{cases} \varphi & \varphi < 360° \\ \varphi - 360° & \varphi > 360° \end{cases} \tag{6.9}$$

在光纤陀螺捷联航姿系统中,三个光纤陀螺的敏感轴相互正交,作为角速率传感器,分别感应载体运动时沿载体x,y,z轴三个方向的角速度分量。这里系统只能测量飞行器的航姿,不能定位。

数据采集通道则将光纤陀螺输出的模拟信号转换为数字信号输入到导航计算机中。经过存储于导航计算机中的捷联航姿程序的解算,可获得载体的姿态,并通过显示设备输出,捷联航姿系统原理结构示意图如图6.8所示。

为了获得系统正确的航姿,在计算中必须把地球自转的影响补偿掉。为了实现补偿,必须知道载体所在的地理位置,因为地球自转角速度在三个陀螺敏感轴上的分量与当地的纬度密切相关。

光纤陀螺航姿系统从功能上可分为传感器、数据采集通道、中央处理计算机、输出设备四部分。本书采用光纤陀螺作为角速率传感器,三个陀螺一组,互相垂直安装在载体上,分

图 6.7　三轴干涉型光纤陀螺

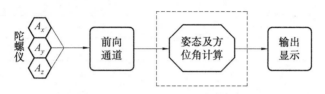

图 6.8　捷联航姿系统原理示意图

别感应载体运动时沿载体三个轴的角速度分量,用于给导航计算机提供输入数据。导航计算机采用 PC/104 结构的计算机,这种计算机在软件与硬件上和 PC 机体系结构完全兼容,但在形态上,PC/104 是十分的紧凑(90 mm×96 mm)、自栈式和模块化结构。满足要求坚固、可靠、尺寸较小的设计要求。为了将光纤陀螺采得的模拟数据信号变为数字信号提供给导航计算机进行航姿计算,在光纤陀螺和导航计算机之间设计了一个数据接口模块,本实验采用了一个 12 bit 的 A/D 数据采集板来获取信号。

四、实验要求

(1)复习光纤陀螺捷联航姿系统工作原理。

(2)熟悉航姿系统样机结构及特点。

五、实验内容及步骤

(1)将光纤陀螺捷联航姿系统放置在一个固定的平台上。

(2)打开光纤陀螺捷联航姿系统测试仪的开关按钮。

(3)在系统加电工作后,进行三次测试,航姿系统采样频率为 50 Hz,每次测试时间为 25 s,测量数据填写到表 6.1 中。

①横摇光纤陀螺,注意角度不要过大,观察光纤陀螺捷联航姿系统测试仪三个方向的转角。

②纵摇光纤陀螺,注意角度不要过大,观察光纤陀螺捷联航姿系统测试仪三个方向的转角。

③滚转光纤陀螺,注意角度不要过大,观察光纤陀螺捷联航姿系统测试仪三个方向的转角。

六、实验报告要求

(1)陀螺在捷联航姿系统中的作用?

(2)分析三个姿态角的误差来源？

(3)加速度计在捷联航姿系统中的作用？

(4)试分析影响测量精度的因素有哪些？

(5)当平移三轴陀螺时,你观察到了什么现象,请做出解释。

(6)系统上电工作后,进行三次测试,航姿系统采样频率为 50 Hz,每次测试时间为 25 s,测量数据见表 6.1。

表 6.1　光纤陀螺捷联航姿系统实时测量数据

项　目	俯仰角速率	横滚角速率	航向角速率
1			
2			
3			

(7)实验数据分析。

①观察测试仪 LCD 显示的三个航姿角大小。陀螺静止时输出数据主要包含陀螺敏感地球自转角速度分量、光纤陀螺常值漂移和光纤陀螺随机漂移三部分,为了分析陀螺的性能,必须去掉陀螺敏感地球自转角速度的分量,试想一下该怎么办？

②先将陀螺预热,当温度达到 30 ℃时,将陀螺的输出直接接到高精度数据电压表的输入端进行测量,会产生怎样的效果？

③如果通过在航姿系统软件中补偿光纤陀螺的常值漂移,同时减掉光纤陀螺输出信号中的地速分量,应如何做才能达到目的？

④三个姿态角的误差来源主要是由光纤陀螺常值漂移的稳定性可重复性误差和 A/D 转换引起的,同时电路噪声以及低通滤波中存在的低频噪声也是产生姿态角误差的因素。在测试中,对常值漂移的标定误差、地速分量的测量误差也可能导致姿态角的误差。请再提出 1～2 种误差来源？

七、实验注意事项

(1)实验前检查电线是否正确连接。

(2)注意对传感器的转动动作不要过大。

(3)实验结束后,请确认关闭电源。

实验 3　组合导航系统定位、定向、测姿实验

一、实验目的

(1)通过实验,使学生加深对组合导航系统组成的了解。

(2)了解 INS/GPS 组合导航系统的工作原理,对现代导航方法在航空中的应用有更深的理解。

(3)体会组合导航系统定位、定向、测姿功能,测出载体的运动姿态,包括倾斜角和俯仰

角;测出 GPS 定位数据(经度、纬度和高度),确定载体的实时位置;测出载体在运动时的航向角;分析组合导航系统测量误差和信号传输误差来源。

(4)比较 GPS、INS、组合导航系统三者的优缺点。

二、仪器与设备

(1)XW－ADU5630 主机。

(2)电源。

(3)计算机。

(4)GPS 零相位测量型天线。

三、实验原理

随着科学技术的迅速发展,广泛应用于航空、航天、航海和地面载体的导航系统多种多样,这些导航系统各自都有优点,当然也存在着不足之处。比如多普勒导航系统,系统的误差和工作时间长短无关,但保密性不好。同时其必须采用外部导航信号,否则载体上其他航向信号误差一般不能保证小于 $0.5°\sim1°$,仅航向误差就使定位误差大于航程的 $1\%\sim2\%$;天文导航系统,位置精度高,但受观测星体可见度的影响;惯性导航系统的自主性很强,能够不依赖外界信息,完全独立自主地连续提供包括姿态基准在内的全部导航与制导参数,并且具有非常好的短期精度、稳定性,且具有抗电子辐射干扰、大机动飞行、隐蔽性好等特点。然而,它的系统精度主要取决于惯性测量器件(陀螺仪和加速度计),导航参数的误差(尤其是位置误差)随时间而积累,不适合长时间的单独导航;无线电定位系统的定位精度不受使用时间的影响,但它的输出信息主要是载体的位置,对精确导航来说,其定位精度不够高,且工作范围受地面台站覆盖区域的限制;卫星导航系统的精度高,容易做到全球、全天候导航,其定位误差与时间无关,且有较高的定位和测速精度。GPS 定位的最显著优点是其高精度和低成本。尤其是利用 GPS 卫星信号的高精度载波相位观测量进行定位,在数千千米的距离上,其精度可达 10^{-12} m,误差不随时间而积累。但是,载体的机动飞行,空间卫星的结构不能保证百分之百的完好性,影响 GPS 接收机对信号的接受,甚至产生所谓"周跳"现象。另外,GPS 接收机的信号输出频率较低(一般为 $1\sim2$ Hz),有时不能满足载体飞行控制对导航信号更新频率的要求,尤其重要的是,卫星导航在战时将受到导航星发射国家的制约。因此,在航空载体上单独使用 GPS 导航也受到限制。

为发挥各种技术的优势,更有效全面地提高产品的性能,增强系统的可靠性、可用性和动态性,采用多传感器数据融合技术将卫星定位与惯性测量相结合,推出了全新姿态方位组合导航系统。将高精度 GPS 信息作为外部量测输入,在运动过程中频繁修正 INS,以控制其误差随时间的积累;而短时间内高精度的 INS 定位结果,可以很好地解决 GPS 动态环境中的信号失锁和周跳问题。不仅如此,INS 还可以辅助 GPS 接收机增强其抗干扰能力,提高捕获和跟踪卫星信号的能力。由于 GPS/INS 组合导航系统的总体性能要远远地优于各自独立的系统,因此,普遍认为 GPS/INS 是目前和今后进行空中、海上和陆地导航和定位较为理想的系统。

下面介绍 XW－ADU5630 姿态方位组合导航系统。

XW－ADU5630 姿态方位组合导航系统主要用于测量运动载体的航向、姿态和位置。

该系统采用了两个高精度高动态的 GPS 接收机作为卫星信号传感器,通过两个测量天线接收 GPS 系统信息,即利用主天线与次天线之间的距离(即基线距离)这一已知量及天线所接到的卫星星历等信息,利用载波相位差分技术和快速求解整周模糊度技术,计算机解算出两个 GPS 接收机天线处位置(经度坐标、纬度坐标、海拔高度)和两天线相位中心连线与真北之间的夹角(运动载体的方位角,即航向角),同时还可输出俯仰角度、瞬时速度及 UTC 时间等信息。此外还加以高精度微机械惯性测量单元作为辅助测姿导航单元。当 GPS 信号受到干扰后,通过惯性测量单元的保持,在一段时间内,系统仍可输出高精度的定向、测姿数据。

XW—ADU5630 姿态方位组合导航系统有主机、天线、计算机和电源等部分组成,主机内部除安装有两个 GPS 接收机外,还内置了三个正交安装的高精度 MEMS 陀螺和 MEMS加速度计以及嵌入式计算机等。其外部包括“数据/电源”“前天线”和“后天线”三个接口。GPS 接收机的任务是能够捕获到太空中各可视 GPS 卫星发送的导航定位信号,并跟踪这些卫星的运行,对所接收到的 GPS 信号进行变换、放大和处理,以便测量出 GPS 信号从卫星到接收机天线的传播时间,解译出 GPS 卫星所发送的导航电文,实时地计算出本地接收机的三维位置、三维速度和时间,实现其定位、导航的目的。GPS 接收机的基本结构包括天线、信号接收处理单元及电池等。天线及前置放大器一般密封为一体,要求灵敏度高和抗干扰性能强。信号接收处理单元是接收机的核心单元,由硬件和软件组成。它接收来自天线的信号,经过中频放大,滤波和信号处理,实现对信号的跟踪、锁定、测量,由跟踪环路重建载波解码得到广播电文并获得伪距定位信息。根据需要,GPS 接收机可设计成 1~12 个通道供选择,每个通道在某时刻跟踪一颗卫星,当此卫星被锁定后,便占据这一通道。接收机采用直流供电,机内置有专用锂电池给接收机时钟供电或给 RAM 供电,亦可外接蓄电池。两根天线分别是数传电台的天线和 GPS 接收天线,天线馈线标配长度为 5 m。电源为 12 V直流稳压电源。系统原理框图如图 6.9 所示。

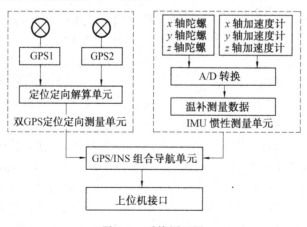

图 6.9　系统原理图

(1)定位定向测量单元。

在载体的运动轴向上安装两个 GPS,通过两个 GPS 精确位置和基线长度,解算出基线与地理北的夹角。无线电寻北精度高、成本适中,并且没有漂移和累计误差。

(2)惯性测量单元。

本系统惯性测量单元由三个加速度计和三个光纤陀螺以及高速处理器组成,加速度计敏感线加速度信息,陀螺敏感角速度信息。利用陀螺和石英加速度计的输出信号经过导航计算可以计算载体的方位角 ϕ、俯仰角 θ 与横滚角 γ。其原理框图如图 6.10 所示。

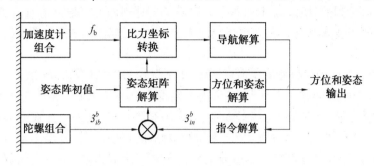

图 6.10　惯性测量单元原理图

INS/GPS 组合导航系统的性能依赖 GPS 的信号质量,当 GPS 信号受到阻挡或干扰时则取决于 INS 误差的校正预测值。由于惯性器件的误差的存在,使得姿态角误差特性存在舒拉振荡、傅科振荡和地球自转周期振荡。如果只采用惯性导航进行姿态测量,不能满足要求,必须利用外部信息对其误差进行修正。

(3)INS/GPS 组合导航单元。

惯性导航噪声相对较低,但会随时间漂移,而 GPS 特性正好相反,系统噪声相对较大,但误差不会随时间漂移。因此,利用二者误差互补特性,进行组合,可以产生优于单独使用任何一个系统的好处。

GPS 的速度与惯导速度之差可作为观测量,通过卡尔曼滤波可以估计出姿态误差角和方位误差角,并对姿态角和方位角进行修正。本案我们采用两个 GPS 测量方位角,利用 GPS 测量的方位角作为观测量对惯性导航方位角信息进行修正。原理框图如图 6.11 所示。

(4)INS/GPS 组合数学模型。

卡尔曼滤波器在组合导航系统的实现中有着卓有成效的应用。在导航系统某些测量输出量的基础上,利用卡尔曼滤波器估计系统的各种误差状态,并用误差状态的估计值校正系统,以达到系统组合的目的。

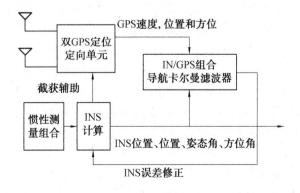

图 6.11　INS/GPS 组合导航单元原理图

卡尔曼滤波是一种线性最小方差估计,使用状态空间法在时域内设计的滤波器,适于对多维随机过程进行估计。其基本思想是:在计算方法上采用递推形式,即在以前时刻估计的基础上,根据 t 时刻的测量值 $Z(t)$,递推得到 t 时刻的状态估计值,由于以前时刻的估计值是利用其测量值得到的,所以估计值是综合利用了 t 时刻和 t 时刻以前所有测量信息得到的。因为卡尔曼滤波是利用状态方程和线性测量方程来描述系统和测量值的,所以它主要用于线性动态系统。

XW－ADU5630 内置的高精度惯性测量单元与双 GPS 组合后,输出系统方位角同时还可输出偏流角,更适合海上或空中使用;由于系统中集成了 IMU 惯性高精度光纤惯性测量单元辅助测姿导航,卫星信号被完全遮挡或受到干扰后,系统进入纯惯性导航模式,凭借高精度的 MEMS 陀螺,在一段时间内,系统仍可输出高精度的数据(姿态信息)。该设计克服了单一器件的不足,充分发挥了姿态方位组合导航系统凭借着高精度、无累积误差、保持时间长、动态性能好、全姿态工作、实时性强、不受磁场环境影响、无惯性漂移、可靠性高;抗干扰能力强等优点,以及不需外部信号源就能自主工作等特点,能够实时准确地给载体提供航向、姿态及位置信息。提高了系统整体的姿态方位测量精度、导航精度及实时跟踪对准性能。

GPS 后天线相位中心到 GPS 前天线相位中心的连线称为基线。基线与真北间的夹角称为方位角。基线越长定向精度就越高,通常基线长度增加一倍,定向精度也会提高一倍。

四、实验要求

(1)了解组合导航系统工作原理。

(2)了解 GPS 工作原理。

五、实验内容及步骤

(1)备好直流稳压电源或蓄电池(12 V DC)、笔记本电脑、测试载体和本产品装箱单上所标示的物品。

(2)找到一处比较开阔,无遮挡、无多路径干扰的试验场地。

(3)将 XW－ADU5630 主机安装在载体上,主机铭牌上标示的坐标系 xOy 面尽量与载体被测基准面平行,y 轴与载体前进方向中心轴线平行,两个 GPS 天线分别固定在载体上,前后天线分别安装在载体的前进方向和后退方向上,应尽可能将其安置于测试载体的最高处以保证能够接收到良好的 GPS 信号,同时要保证两个 GPS 天线相位中心形成的连线与测试载体中心轴线方向一致或平行。

(4)分别将两根天线馈线连接到前后 GPS 天线和主机单元"前天线"和"后天线"接口上,并注意前、后天线的一致对应("前天线"接口对应连接摆放在被测载体前进方向的天线;"后天线"接口对应连接摆放在被测载体后退方向的天线)。严格区分前后天线,不能颠倒,使用时上方应无遮挡,避免带电拔插接插件。

(5)特别需要注意的是:XW－ADU5630 的主机单元必须与被测载体固连,主机安装底面应平行于被测载体的基准面,主机铭牌上标示的 y 轴指向必须与被测载体的前进方向一致,并与两个 GPS 天线中心连线构成的基线平行。测试时,两个 GPS 天线也必须安装于同一载体。如图 6.12 所示。

图 6.12　天线安装示意图

下面举例说明本系统在无人机上的安装情况以便学生理解测试系统的工作原理。飞行轨迹如图 6.13 所示。

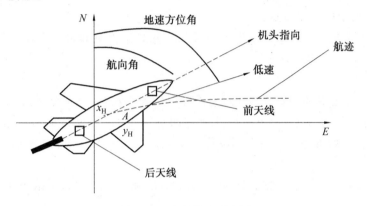

图 6.13　飞行轨迹示意图

(6)用量尺准确测量从 GPS 后天线的中心点到前天线中心点的距离(测量精度要求精确至 3 mm),两个天线的间距可根据具体安装环境而定,但间距大小影响定向精度。

(7)将数据电源线连接到 XW－ADU5630 主机的"数据/电源"接口,将 DB9 头连接到笔记本电脑的串口。

(8)将 12 V DC 电源连接到数据电源线的电源接头上,注意区分两根引线的极性,并分别用绝缘胶带进行防护,防止短路。

(9)检查各个连接位置,确保各接点均连接正确,电源引脚极性无颠倒。

(10)打开电源并在笔记本电脑上运行 XW－ADU 软件。

(11)设定串口号和波特率:选定串口 COM_1;设定串口波特率为 115 200 b/s。

(12)设定基线长度:输入测量的基线长度 1.000(单位:m),点击"保存"按钮,系统提示设置成功后,则完成了基线设定。

注意:基线长度应尽量测量准确,若测量误差超过 3 mm,将影响定向精度,造成定向错误或不定向。

(13)数据显示。

①未定位,未定向状态显示:

由于本地接收机位置的解算需要不少于四颗可视卫星信息。如果在所选 GPS 时刻天空中的可视卫星数小于四颗,则不能解算出此时刻的本地接收机位置,会弹出"无法计算接收机位置"对话框。学生需要选择其他时间进行实验。

系统上电后经过 20 s 左右的时间进行初始化,然后开始输出 GPS 时间,此时系统输出的航向、姿态值为陀螺初始零位,不可用。位置有效显示 NO,速度有效显示 NO,GPS 状态显示 Invalid。

②已定位,未定向状态显示:

若所选 GPS 时刻天空中的可视卫星数在四颗以上,则在"所选时刻本地接收机位置"在 ECEF 坐标系下的三维位置转换到 WGS－84 椭球坐标系下的纬度、经度和高度值将有所显示。

系统输出 GPS 时间后再经过 20～30 s 的时间,开始正确输出 GPS 的经纬度、高度及速度信息,位置有效显示 YES,速度有效显示 YES,GPS 状态显示 NO HDG,此时,还需要 10～20 s 的时间让系统解算出航向值。

③已定位,已定向状态显示:

系统上电后在 2 min 内正常输出各项参数。此时位置有效显示 YES,速度有效,显示 YES,GPS 状态显示 HDG OK。

④位置信息显示:

上电后基站会把卫星误差数据通过无线传输传到移动站,移动站通过内部算法优化后输出精确的位置信息。这一阶段需要几分钟的解算过程,解算完成后,上位机软件中的 GPS 状态位将从开始的不可用变为"RTK OK",即表示为现在的输出数据已达到 RTK 精度的要求。

(14)请记录 GPS 时间、本地的经度、纬度、高度、航向、俯仰角、横滚角和能观测到的星数。

(15)在一个天线上方支一铁桶,观察可接收到几颗卫星信息,记录以上数据。

(16)在一个天线上方支一塑料桶,盖住天线,观察可接收到几颗卫星信息,记录以上数据。

(17)用一纸筒桶盖住天线,观察可接收到几颗卫星信息,记录以上数据。

进行数据分析:实验可观察到系统在城区实际应用中的有效性及测量精度。由于在城区高楼林立、高空遮挡严重,对 GPS 信号的干扰较为严重,容易造成无法接收卫星信号及楼体对卫星信号的多路径干扰等,因此,测试地点选为某高层写字楼的楼顶,这样能尽量减少遮挡及多路径干扰等问题。

(18)用两个铁桶罩住双天线,观察实验装置。

(19)关闭系统。在菜单栏点击"文件",选择"退出"即可。最后不要忘记关闭稳压电源、计算机和总电源。

六、实验报告要求

(1)简要阐述组合导航系统结构组成。

(2)按表 6.2 格式整理实验数据。分析数据,总结接收机位置解算结果的精度与哪些因素有关?主导因素是什么?

(3)举例说明在实际应用中有哪几种导航系统?

(4)卫星导航系统 GPS 和惯性导航系统的组合是一种非常完美的组合方式,但是,为什么世界各国在组合导航系统的构成上,选用多种类导航系统的组合?

（5）由于本地接收机位置的解算需要不少于四颗可视卫星信息。如果在所选 GPS 时刻天空中的可视卫星数小于四颗,则不能解算出此时刻的本地接收机位置,会弹出"无法计算接收机位置"对话框。学生则需要选择其他时间进行实验。

GPS 定位是利用一组卫星的伪距、星历、卫星发射时间等观测量和用户钟差来实现的。要获得地面的三维坐标,必须对至少四颗卫星进行测量。在这一定位过程中,观测量中所含有的误差将影响定位参数的精度。从误差来源讲,主要可以分为哪三类?

若根据误差性质来分,上述误差又可分为系统误差与偶然误差,请问系统误差指哪些误差,偶然误差又指哪些误差?

通常可以采用哪些方法减弱或消除这些误差的影响?

表 6.2　光纤陀螺捷联航姿系统实时测量数据

GPS 时间	可视卫星数目	载体的运动姿态	载体运动时的航向角	载体的实时位置
	星数 1:	俯仰角:		经度:
	星数 2:	横滚角:		纬度:
				高度:

（6）叙述一下本实验的心得体会。

七、实验注意事项

（1）XW－ADU5630 姿态方位组合导航系统为精密电子产品,使用时注意防尘、防潮、防霉,轻拿轻放,避免强烈冲击和震动。

（2）不要随意打开底盖,以免仪器受损。

（3）机壳不属于防水设计,应避免在雨中使用或浸泡。

（4）在使用 XW－ADU5630 之前请检查连接头,避免松动;数据电源线缆应定期检查,防止扭结。

（5）实验前检查电线是否正确连接。

（6）基线长度应尽量测量准确,若测量误差超过 5 mm,将影响定向精度,造成定向错误或不定向。

（7）XW－ADU5630 安装时,主机单元必须与被测载体固连,主机安装底面应平行于被测物的基准面,主机铭牌上标示的 y 轴指向必须与被测载体的前进方向一致,并与两个GPS 天线中心连线构成的基线平行。测试时,两个 GPS 天线也必须安装于同一载体。

（8）实验结束后,请确认关闭电源。

实验 4　实时卫星位置解算实验

一、实验目的

（1）理解实时卫星位置解算在整个 GPS 接收机导航解算过程中所起的作用及为完成卫星位置解算所需的条件。

（2）了解 GPS 时间的含义，卫星的额定轨道周期以及星历的构成和应用条件。

（3）了解多谱勒频移的成因、作用以及根据已知条件预测多谱勒频移的方法。

（4）了解多谱勒频移的变化范围及其与卫星仰角之间的关系。

（5）能够根据实验数据编写求解多谱勒频移的相关程序。

二、实验仪器与设备

（1）NewStar150 GPS 原理实验平台。

（2）电源。

三、实验原理

卫星位置的解算是接收机导航解算（即解出本地接收机的纬度、经度、高度的三维位置）的基础。需要同时解算出至少四颗卫星的实时位置，才能最终确定接收机的三维位置。对某一颗卫星进行实时位置的解算需要已知这颗卫星的星历和 GPS 时间。而星历和 GPS 时间包含在速率为 50 bit/s 的导航电文中。导航电文与测距码（C/A 码）共同调制 L_1 载频后，由卫星发出。本地接收机接收到卫星发送的数据后，将导航电文解码得到导航数据。后续导航解算单元根据导航数据中提供的相应参数进行卫星位置解算、各种实时误差的消除、本地接收机位置解算以及定位精度因子（DOP）的计算等工作。

卫星的额定轨道周期是 11 h 58 min 2.05 s；轨道半径（即从地球质心到卫星的额定距离）大约为 26 560 km。由此可得卫星的平均角速度为 0.000 145 8 rad/s，平均的切向速度为 3 874 m/s。

卫星是在高速运动中的，根据 GPS 时间的不同以及卫星星历的不同（每颗卫星的星历两小时更新一次）可以解算出卫星的实时位置。

由于卫星与接收机有相对的径向运动，因此会产生多谱勒效应，进而出现频率偏移。多谱勒频移的直接表现是接收机接收到的卫星信号不恰好在 L_1（1 575.42 MHz）频率点上，而是在 L_1 频率上叠加了一个最大值为 ±5 kHz 左右的频率偏移，这就给前端相关器进行频域搜索和捕获卫星信号带来了困难。如果能够事先估计出大概的多谱勒频偏，就会大大减小相关器捕获卫星信号的难度，缩短捕获卫星信号的时间，进而缩短接收机的启动时间。

有了卫星位置和本地接收机的初始位置，就可以根据空间两点间的距离公式，得出卫星距接收机的距离 d。记录同一卫星在短时间 t 内经过的两点的空间坐标 S_1 和 S_2，就可以分别得到这两点距接收机的距离 d_1 和 d_2。只要相隔时间 t 取得较小（本实验取 $t=1$ s），$|d_1-d_2|/t$ 近似认为是卫星与接收机在 t 时间内的平均相对径向运动速度，再将此速度转换为频率的形式就可以得到大致的多谱勒频移。

设本地接收机的初始位置为 $R(x_r, y_r, z_r,)$，记录的卫星两点空间坐标为 $S_1(x_1, y_1, z_1)$，$S_2(x_2, y_2, z_2)$，相隔时间为 t，卫星与接收机平均相对径向运动速度为 v_d，光速为 c，多谱勒频移为 f_d，则多谱勒频移预测的具体公式如下：

$$d_1 = [(x_1-x_r)^2 + (y_1-y_r)^2 + (z_1-z_r)^2]^{1/2}$$
$$d_2 = [(x_2-x_r)^2 + (y_2-y_r)^2 + (z_2-z_r)^2]^{1/2}$$
$$v_d = |d_1-d_2|/t \tag{6.10}$$
$$f_d = v_d \times 1\ 575.42\ \text{MHz}/c$$

多谱勒频移同卫星的仰角有很密切的关系。多谱勒频移随卫星仰角的增大而减小。当卫星的仰角为 90°(即卫星在接收机正上方的天顶上)时,理论上多谱勒频移为零。本实验根据卫星位置和本地接收机的初始位置算出卫星的仰角,来验证多谱勒频移同卫星仰角的关系。

四、实验要求

(1)复习卫星位置的解算原理。

(2)了解多谱勒频移的成因、作用以及根据已知条件预测多谱勒频移的方法。

五、实验内容及步骤

(1)本实验使用的是北京东方联星科技有限公司生产的 NewStar 150 GPS 原理实验平台。根据实验手册,首先打开"GPS 原理实验平台主程序"。

(2)点击"开始程序",运行主程序。此时由可视卫星位置预测得到的当前时刻应该收到的卫星号所对应的显示灯就会变成红色。而后当前实际收到的卫星所对应的显示灯就会变成绿色。左面的 LCD 显示屏就会出现经计算得出的 UTC 时间,右面的 LCD 显示屏会出现当前的 GPS 时间。

(3)当实际收到的卫星在四颗以上时,点击"记录数据"。

(4)在"选择 GPS 时刻"列表框的下拉菜单中,任意选择一个 GPS 时刻,如图 6.14 所示。在"选时刻可视卫星星历"列表框中,就会出现所选时刻天空中所有可视卫星当前发出的星历信息,对星历信息中比较重要的参数做相应的记录。

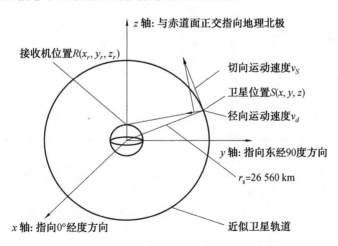

图 6.14　卫星轨道与地球在 ECFE 坐标下的相对位置

(5)选择一个卫星序号,在"卫星位置信息"列表框中会出现所选卫星在所选的 GPS 时间所对应的仰角及其在 ECEF 坐标系下的三维坐标,在表 6.4 中记录其值。

(6)在"卫星位置信息"列表框中同时会出现卫星在所选的 GPS 时间加 1 s 和加 2 s 后的 GPS 时间所对应的 ECEF 坐标系下的三维坐标,以及接收机在 ECEF 坐标系下的初始位置坐标,这些数据用于求解多谱勒频移,在表 6.4 中记录其值。

(7)在"卫星位置信息"列表框中还会出现根据卫星在所选 GPS 时间发送的星历推算出

的这颗卫星在 11 h 58 min 后的 ECEF 坐标系下的大致位置,用以验证卫星的额定轨道周期。根据表 6.4 记录其值。

(8)同时"所选卫星在 ECEF 坐标系下的星座图"中,会出现该卫星在 ECEF 坐标系中的大致位置。

(9)学生根据记录的数据,在 Turbo C 环境下自己编程实现对于多谱勒频移的求解,将所得数据记录在表 6.4 中。

(10)重复步骤(5)～(9),记录并解算出所选时刻天空中所有可视卫星的相关数据,按表6.4 将所得数据记录下来。

(11)重复步骤(4)～(10),在同一时间段中至少选三个不同的 GPS 时刻记录并解算相应数据,比较并分析不同时刻同一卫星的仰角、ECEF 坐标系下的坐标以及多谱勒频移的差异。

六、实验报告

(1)按表 6.3 格式整理实验数据。

表 6.3　实验数据(以一颗卫星为例)

GPS 时间	可视卫星序号	ECEF 坐标	仰角	多谱勒频移
		x		
		y		
		z		
		x		
		y		
		z		
		x		
		y		
		z		

(2)对同一时刻不同仰角卫星的多谱勒频移进行比较,根据实际数据得出卫星仰角与多谱勒频移之间的关系。

(3)比较并分析不同时刻同一卫星的仰角、ECEF 坐标系下的坐标以及多谱勒频移的差异。

(4)由接收机在 ECEF 坐标系下的初始位置坐标及同一卫星不同时刻在 ECEF 坐标系下的位置坐标得出的卫星到接收机之间的不同距离,以分析卫星的运动趋势。

(5)比较当前时刻卫星在 ECEF 坐标系下的位置坐标及由当前星历推算出的这颗卫星在 11 h 58 min 后的 ECEF 坐标系下的大致位置坐标,思考为什么两个坐标只是大致位置相同而不是绝对一致?

实验 5　实时传输误差计算与特性分析实验

一、实验目的

(1)了解 GPS 测量过程中按误差来源分有哪三类主要误差,各是什么。

(2)理解信号实时传输误差中的电离层延迟、对流层误差的来源、特性、计算方法以及消除或减弱的手段。

(3)总结卫星信号信噪比与卫星仰角的关系。

二、仪器与设备

(1)NewStar150 GPS 原理实验平台。

(2)电源。

三、实验原理

GPS 测量中出现的各种误差按其来源大致可分为以下三种类型:

(1)与卫星有关的误差。

与卫星有关的误差主要包括卫星星历误差、卫星时钟的误差、地球自转的影响和相对论效应的影响等。

(2)信号实时传输误差。

因为 GPS 卫星属于中轨道卫星,GPS 信号在传播时要经过大气层。因此,信号传输误差主要是由于信号受到电离层和对流层的影响。此外,还有信号传播的多径效应的影响。

(3)与接收设备有关的误差。

与接收设备有关的误差主要包括观测误差、接收机钟差、天线相位中心误差和载波相位观测的整周不确定性影响。

地球表面被一层很厚的大气所包围。由于地球引力的作用,大气质量在垂直方向上分布极不均匀,主要集中在大气底部,其中 75% 的质量分布在 10 km 以下,90% 以上的质量分布在 30 km 以下。同时大气在垂直方向上的物理性质差异也很大,根据温度、成分和荷电等物理性质的不同,大气可分为性质各异的若干大气层。按不同标准有不同的分层方法,根据对电磁波传播的不同影响,一般分为对流层和电离层。

大气折射对 GPS 观测结果的影响,往往超过了 GPS 精密定位所容许的精度范围。如何在数据处理过程中通过模型加以改正,或在观测中如何通过适当的方法来减弱,以提高定位精度,已经成为广大用户普遍关注的重要问题。

GPS 卫星信号的信噪比(即相对强度噪声)定义为单位带宽(Hz)内信号功率与噪声功率之比的分贝量(dB)。经实践测试表明,当 GPS 卫星信号的信噪比过低(一般认为低于 26 dB/Hz)时,GPS 接收机就无法正常跟踪该卫星信号。因此,卫星信号信噪比的大小直接影响到 GPS 接收机能否正常工作。

信噪比与卫星仰角的关系十分密切。卫星的仰角越低,卫星信号在传播过程中受到的诸如电离层延迟、对流层误差等实时传输误差的影响就越大。

四、实验要求

(1)复习 GPS 工作原理。

(2)了解信号实时传输误差有哪些。

五、实验内容及步骤

(1)启动实验平台,点击"开始程序",运行主程序。

(2)观察目前可视卫星的实时导航数据(如 GPS 时间、各颗卫星的星历以及信噪比等),任意选择一个 GPS 时刻。

(3)由于可视卫星仰角的解算需要解算本地接收机位置,因此如果所选 GPS 时刻天空中的可视卫星数小于四颗,则不能解算出此时刻的本地接收机位置,会弹出"无法计算卫星仰角"对话框。学生需要选择其他时间进行解算。

(4)若所选 GPS 时间天空中的可视卫星数在四颗以上,则在程序界面的实时卫星分布图中会出现本时刻所有可视卫星位置,同时在其左面的卫星仰角列表框中会出现本时刻所有可视卫星的仰角。根据表 6.4 记录不同时刻天空中可视卫星的仰角及信噪比,比较并得出卫星信号信噪比与卫星仰角的关系。

(5)根据不同时间段电离层延迟、对流层误差随时间变化的曲线,大致得出此两项误差随时间变化的规律,并估计此两项误差的误差范围。

六、实验报告

(1)按表 6.4 格式整理实验数据。

(2)根据表 6.4 的数据比较并得出卫星信号信噪比与卫星仰角的关系(包括对整体趋势及特殊情况两方面的分析)。

(3)取不同时段(至少两个,相隔 30 min 以上)的电离层延迟、对流层误差随时间变化的曲线,大致得出此两项误差随时间变化的规律,并大致估计此两项误差的误差范围。

表 6.4　实验数据

GPS 时间	可视卫星数目	可视卫星序号	可视卫星仰角	可视卫星信噪比

实验 6　几何精度因子 *DOP* 实验

一、实验目的

(1)理解几何精度因子在整个 GPS 接收机导航解算过程中所起的作用及解算几何精度因子的必要性。

(2)了解 $GDOP$, $VDOP$, $PDOP$, $TDOP$, $HDOP$ 等不同几何精度因子的计算过程及所起的作用。

二、仪器与设备

(1) NewStar150 GPS 原理实验平台。

(2) 电源。

三、实验原理

不同的 GPS 接收机由于采用了不同的定位算法,其输出的位置/时间解的精度是不同的。但是在定位精度已知的情况下,其输出值的可信程度是靠什么来判定的呢? 当然是几何精度因子(DOP)。

利用 GPS 进行绝对定位或单点定位时,位置/时间解的精度主要取决于:所测卫星在空间的几何分布(通常称为卫星分布的几何图形),即几何精度因子;观测量精度,即伪距误差因子。它是由观测中各项误差所决定的。

粗略地讲,GPS 解的误差用下式来估计:

$$GPS 解的误差 = 几何精度因子 \times 伪距误差因子$$

即
$$\sigma_x = DOP \times \sigma_0$$

其中,σ_x 是 GPS 解的误差;DOP 是权系数阵主对角线元素的函数;σ_0 是伪距测量中的误差。

权系数阵的定义如下:

$$\boldsymbol{Q}_Z = (\boldsymbol{G}^{\mathrm{T}}\boldsymbol{G})^{-1} = \begin{bmatrix} q_{11} & q_{12} & q_{13} & q_{14} \\ q_{21} & q_{22} & q_{23} & q_{24} \\ q_{31} & q_{32} & q_{33} & q_{34} \\ q_{41} & q_{42} & q_{43} & q_{44} \end{bmatrix} \tag{6.11}$$

其中,$\boldsymbol{G}$ 为由接收机到可视卫星的方向余弦矩阵,而元素 q_{ij} 表达了全部解的精度及其相关性信息,是评价定位结果的依据。

在实践中,根据不同要求,可选用不同的精度评价模型和相应的精度因子,通常有

(1)高程几何精度因子 $VDOP$。相应的高程精度为

$$\sigma_V = VDOP \times \sigma_0$$
$$VDOP = \sqrt{q_{33}} \tag{6.12}$$

(2)空间三维位置几何精度因子 $PDOP$。相应的三维定位精度为

$$\sigma_P = PDOP \times \sigma_0$$

$$PDOP = \sqrt{q_{11} + q_{22} + q_{33}}$$

(6.13)

（3）二维水平位置几何精度因子 $HDOP$（Horizontal DOP）。相应的平面位置精度为

$$\sigma_H = \sqrt{\sigma_P{}^2 - \sigma_V{}^2} = HDOP \times \sigma_0$$

$$HDOP = \sqrt{(PDOP)^2 - (VDOP)^2} = \sqrt{q_{11} + q_{22}}$$

(6.14)

（4）接收机钟差几何精度因子 $TDOP$（Time DOP）。钟差精度为

$$\sigma_T = TDOP \times \sigma_0$$

$$TDOP = \sqrt{q_{44}}$$

(6.15)

（5）总几何精度因子 $GDOP$（Geometric DOP）。描述空间位置误差和时间误差综合影响的精度因子，总的测量精度为

$$\sigma_G = GDOP \times \sigma_0$$

$$GDOP = \sqrt{(PDOP)^2 + (TDOP)^2} = \sqrt{q_{11} + q_{22} + q_{33} + q_{44}}$$

(6.16)

由以上讨论可知，几何精度因子就是观测卫星几何图形对定位精度影响的大小程度。在观测量精度相同的情况下，几何精度因子越小，定位精度越高；反之则越低。所以，它实质上是几何放大因子。因此，几何精度因子对定位和钟差的精度有重大的影响。由于几何精度因子与所测卫星的空间分布有关，因此也称之为观测卫星的图形强度因子。由于卫星的运动以及观测卫星的选择不同，所测卫星在空间分布的几何图形是变化的，导致几何精度因子的数值也是变化的。为提高定位精度，应选择几何精度因子最小的四颗卫星进行观测。这称之为最佳星座选择。其两条基本原则为：一是观测卫星的仰角不得小于 $5°\sim10°$，以减少大气折射误差的影响；二是四颗卫星的总几何精度因子 $GDOP$ 值最小，以保证获得最高的定位和定时精度。

假设观测站与四颗观测卫星所构成的六面体体积为 G，研究表明，总几何精度因子 $GDOP$ 与该六面体体积的倒数成正比。六面体的体积越大，所测卫星在空间的分布范围也越大，$GDOP$ 值越小；反之，卫星分布范围越小，$GDOP$ 值越大。理论分析得出：在由观测站至四颗卫星的观测方向中，当任意两方向之间的夹角接近 $109.5°$ 时，其六面体的体积最大。但实际观测中，为减弱大气折射的影响，所测卫星的高度角不能过低。因此在满足卫星高度角要求的条件下，尽可能使六面体体积接近最大。实际工作中选择和评价观测卫星分布图形：一颗卫星处于天顶，其余三颗卫星相距 $120°$ 时，所构成的六面体体积接近最大。四星定位法主要用于早期的 GPS 接收机中，随着接收机跟踪通道的增加，选星已经不十分重要，如果可见卫星多于四颗（如 6 颗或 8 颗），人们越来越倾向于使用全部可视卫星进行观测，这样定位比选择四颗卫星定位具有更高的精度。

为了测定必须的定位精度，应规定几何精度因子的最大值限制差，一旦超过限制值就应停止观测。一般低动态接收机的 $GDOP$ 门限值可以设得比较小，一般不大于 6，因为其可以舍弃一些几何精度因子过大的值，而正常输出基本不受影响；而对于高动态接收机而言，其所输出的每一点都很重要。这样，$GDOP$ 门限值就设得比较大，一般不大于 9。

四、实验要求

（1）理解 DOP 值与卫星几何分布的关系。

(2)了解不同应用场合对 *DOP* 门限值的要求。

五、实验内容及步骤

(1)启动实验平台、点击"开始程序",运行主程序。

(2)观察目前可视卫星的实时导航数据(如 GPS 时间、各颗卫星的星历等),任意选择一个 GPS 时刻。

(3)由于 *DOP* 值的解算需要已知本地接收机位置以及不少于四颗的可视卫星的位置,如果在所选 GPS 时刻天空中的可视卫星数小于四颗,则不能解算出此时刻的 *DOP* 值,会弹出"无法计算 *DOP* 值"对话框。学生需要选择其他时间进行解算。

(4)若所选 GPS 时刻天空中的可视卫星数在四颗以上,则在程序界面的实时卫星分布图中会出现本时刻所有可视卫星位置,同时在右面的相应位置会出现本时刻的各个 *DOP* 值。

(5)根据表 6.6,6.7 记录不同时刻的 *DOP* 值,比较不同时刻(如相隔 30 s)*DOP* 值的变化情况,尤其是可视卫星个数发生变化的时刻,初步总结 *DOP* 值与卫星几何分布的关系。

(6)点击"定量分析"键,进入对 *DOP* 值的准确分析阶段。此时,程序界面内的卫星分布图上会出现四颗卫星,同时会出现每颗卫星的方位角和仰角,在右面的相应位置会出现卫星在这种分布情况下的 *DOP* 值。

(7)移动这四颗卫星,可得到卫星在不同几何分布情况下的实时 *DOP* 值以及各个卫星准确的方位角和仰角。根据表 6.7 记录四颗卫星在不同几何分布情况下,各个卫星的方位角和仰角以及对应的各个 *DOP* 值,比较各条记录,总结并验证课本中讲到的 *DOP* 值与卫星几何分布的关系。

六、实验报告

(1)按表 6.5,6.6 格式整理实验数据。

表 6.5　几何精度因子实验数据(以四颗卫星为例)

GPS 时间	可视卫星数目	可视卫星序号	*DOP*	
			GDOP	
			PDOP	
			HDOP	
			VDOP	
			TDOP	

表 6.6 实验数据

可视卫星序号	卫星方位角	卫星仰角	DOP
1			GDOP
2			PDOP
3			HDOP
4			VDOP
5			TDOP

（2）对不同 GPS 时刻 DOP 值进行分析，比较两时刻可视卫星个数未发生变化和发生变化的两种不同情况下，DOP 值的变化幅度及变化趋势，得出结论。

（3）对给定的四颗卫星在不同分布情况下的 DOP 值进行比较，得出 DOP 值较好时的卫星分布状况以及 DOP 值较差时的卫星分布状况，进而得出 DOP 值随各个卫星方位角及仰角的不同关系而变化的趋势，分析并验证课本中讲到的 DOP 值与卫星几何分布的关系。

（4）比较不同情况下各个 DOP 值的变化幅度，得出结论。

实验 7　接收机位置解算实验

一、实验目的

（1）理解接收机位置导航解算原理及基本公式中各个参量的含义。

（2）理解将本地接收机钟差作为一个参量进行导航解算的原因及目的。

二、仪器与设备

（1）NewStar150 GPS 原理实验平台。

（2）电源。

三、实验原理

GPS 接收机位置的导航解算即解出本地接收机的纬度、经度、高度的三维位置，这是 GPS 接收机的核心部分。

GPS 接收机位置求解的过程如下：导航电文与测距码（C/A 码）共同调制 L_1 载频后，由卫星发出。卫星上的时钟控制着测距信号广播的定时。本地接收机也包含一个时钟，假定它与卫星上的时钟同步，接收机接收到一颗卫星发送的数据后，将导航电文解码得到导航数据。定时信息就包含在导航数据中,它使接收机能够计算出信号离开卫星的时刻。同时接收机记下接收到卫星信号的时刻,便可以算出卫星至接收机的传播时间。将其乘以光速便可求得卫星至接收机的距离 R,这样就把接收机定位于以卫星为球心的球面的某一个地方。如果同时用第二颗卫星进行同样方法的测距,又可将接收机定位于以第二颗卫星为球心的第二个球面上。因此接收机就处在两个球相交平面的圆周上。当然也可能在两球相切的一点上,但这种情况只发生在接收机与两颗卫星处于一条直线时,并不典型。于是,我们需要同时对第三颗卫星进行测距,这样就可将接收机定位于第三个球面上和上述圆周上。第三个球面和圆周交于两个点,通过辅助信息可以舍弃其中一点,比如对于地球表面上的用户而言,较低的一点就是真实位置,这样就得到了接收机的正确位置。

在上述求解过程中,假定本地接收机与卫星时钟同步,但在实际测量中这种情况是不可能的。GPS 星座内每颗卫星上的时钟都与一个称为世界协调时(UTC,即格林尼治时间)的内在系统时间标度同步。卫星钟差可根据导航电文中给出的有关钟差参数加以修正,其基准频率的频率稳定度为 10^5 左右。而本地接收机时钟的频率稳定度只有 10^2 左右,而且其钟差一般难以预料。由于卫星时钟和接收机时钟的频率稳定度没有可比性,这样,就会在卫星至接收机的传播时间上增加一个很大的时间误差,严重影响定位精度。为解决这一问题,通常将接收机的钟差也作为一个未知参数,与本地接收机的 ECEF 坐标一起求解。这样,由于有四个未知量,就需要同时观测到四颗卫星,由四个方程将其解出。解出的接收机钟差可以用来校正本地接收机的时钟,这使得 GPS 接收机同时具有授时功能。

卫星实时位置的解算需要已知这颗卫星的星历和 GPS 时间,这在前序实验中已经做过相应介绍。由于 GPS 卫星属于中轨道卫星,卫星信号在传输过程中又会产生诸如对流层误差、电离层误差、相对论效应误差等每种实时传输误差,因此,由上述方法得出的卫星至接收机的传播时间并不准确,而由其乘以光速得出的距离也不是卫星到达接收机的真实距离(Range),只能称为伪距(Pseudorange)。其含义就是“假的距离”,因为其中包含各种误差。直接由伪距求解出的接收机位置会出现很大的误差,因此在求解前首先要把各种误差从伪距中消去。

求解卫星位置的基本方程组为

$$r_1 = \sqrt{(x_1 - x_r)^2 + (y_1 - y_r)^2 + (z_1 - z_r)^2} + dT_r \times c$$
$$r_2 = \sqrt{(x_2 - x_r)^2 + (y_2 - y_r)^2 + (z_2 - z_r)^2} + dT_r \times c$$
$$r_3 = \sqrt{(x_3 - x_r)^2 + (y_3 - y_r)^2 + (z_3 - z_r)^2} + dT_r \times c$$
$$r_4 = \sqrt{(x_4 - x_r)^2 + (y_4 - y_r)^2 + (z_4 - z_r)^2} + dT_r \times c$$
$$r_i = ps\, r_i - (T_{\text{iono}} \times c + T_{\text{trop}} \times c + T_{\text{relow}} \times$$
$$c + dT_{\text{sv}} \times c + R_{\text{noise}}) \tag{6.17}$$

其中,接收机 ECEF 下的三维位置坐标为 (x_r, Y_r, z_r),卫星的三维位置坐标为 (x_i, y_i, z_i),接收机测得的伪距为 psr_i,其中 $i = 1, 2, 3, 4$。dT_r 为接收机钟差,T_{iono} 为电离层延迟误差,T_{trop} 为对流层延迟误差,dT_{sv} 为卫星钟差,R_{noise} 为接收机内部噪声造成的距离偏差。

之所以将接收机钟差作为一个未知量来求解,一方面是因为接收机钟差一般难以预料;另一方面是因为其对接收机测量定位精度产生的影响非常大,远远大于其他实时传输误差所造成的影响。为使学生直观理解这两点,本实验要求学生自己设计程序来验证其真实性。

基本实验原理如下：

(1)验证接收机钟差的不确定性。

同一颗卫星在很短时间内其他实时传输误差的变化一般不会很大,由两个伪距求差一般可以消去;只有接收机钟差的变化会比较大,伪距之差不会完全将其消去,因而引起了多谱勒频移计算的误差。

(2)验证接收机钟差对接收机测量定位精度产生的影响。

接收机钟差对接收机测量定位精度产生的影响远远大于其他实时传输误差所造成的影响。对于某一时刻的可视卫星而言,测得的伪距(Pseudorange)与由两点间距离公式得出的距离(Range)的差即各种实时误差的总和。可表示为

$$\Delta R = \text{Pseudorange} - \text{Range} \tag{6.18}$$

对于同一时刻各个可视卫星而言,其接收机钟差大致相同。因此同一时刻各个卫星的 ΔR 相差不会很大,大概在几十米到上百米。

四、实验要求

(1)理解接收机钟差的特性(不确定性及误差范围大)及其对多谱勒频移求解产生的影响。

(2)能够根据实验数据编写验证接收机钟差特性的相关程序。

五、实验内容及步骤

(1)启动实验平台、点击"开始程序",运行主程序。

(2)观察目前可视卫星的实时导航数据(如 GPS 时间、各颗卫星的星历等),任意选择一个 GPS 时刻。

(3)在"所选时刻各可视卫星数据信息"列表框中就会出现本时刻所有可视卫星的序号、GPS 时间以及每颗卫星相应的伪距、电离层延迟、对流层误差等实时数据。在"所选时刻各可视卫星 ECEF 坐标系下坐标"列表框中会出现所有可视卫星本时刻在 ECEF 坐标系下的三维坐标。学生可以在教师的讲解下理解所示各参量的含义,并按照表 6.7 对数据进行记录。

(4)点击"计算所选时刻接收机位置"键进行本地接收机位置解算。由于本地接收机位置的解算需要不少于四颗可视卫星信息。如果在所选 GPS 时刻天空中的可视卫星数小于四颗,则不能解算出此时刻的本地接收机位置,会弹出"无法计算接收机位置"对话框。学生需要选择其他时间进行解算。

(5)若所选 GPS 时刻天空中的可视卫星数在四颗以上,则在"所选时刻接收机位置"列表框中会出现本地接收机在 ECEF 坐标系下的三维位置,以及转换到 WGS-84 椭球坐标系下的纬度、经度和高度值。按照表 6.7 对数据进行记录,供编程和分析结果时使用。

(6)根据表 6.7 中记录的数据,按实验原理介绍的方法在 Turbo C 环境下自己编程实现对于接收机钟差特性(不确定性及误差范围大)的分析验证,将所得数据记录在表 6.8,6.9 中。

(7)重复以上步骤,在一个时间段中至少选择三个时刻的数据进行记录,至少选择三个时间段进行实验。

六、实验报告

(1)按表 6.7,6.8,6.9 格式整理实验数据,并整理所编程序。

表 6.7　实验数据

GPS 时间	可视卫星数目	可视卫星序号	伪距/m	电离层延迟 t	对流层误差 /m	卫星位置 /m		接收机位置 /m
						x		
						y		x
						z		
						x		
						y		y
						z		
						x		
						y		z
						z		

(2)对表 6.7 中的数据进行分析,结合上述几何精度因子(DOP)的实时计算与分析,分析并总结接收机位置解算结果的精度同哪些因素有关? 主导因素是什么?

(3)对表 6.8,6.9 中的数据进行分析,总结接收机钟差特性。

表 6.8　多谱勒频移实验数据

GPS 时间	可视卫星序号	Range	Pseudorange（伪距）	多谱勒频移	
				由 Range 求得	由 Pseudorange 求得

表 6.9　实验数据

GPS 时间	可视卫星数目	可视卫星序号	Range	Pseudorange（伪距）	$\Delta R / \mathrm{m}$（Pseudorange-Range）

第 7 章　控制力矩陀螺综合性实验

控制力矩陀螺综合性实验通过一套典型 M750 控制系统来完成一系列验证实验,使学生既掌握了控制力矩陀螺相关知识,又验证了以前所学的自控原理、控制系统设计和导航原理所涉及的一些相关理论,培养了学生的动手能力、编辑能力和综合分析能力。

7.1　Model750 控制力矩陀螺系统简介

对地观测卫星、宇宙飞船以及空间站等大型航天器的姿态控制系统通常由姿态敏感器、控制器和执行机构组成,由于大型航天器需要大的输出力矩,而常规航天器姿态控制系统的执行机构有推力器、喷管、动量轮、磁力矩器等,输出力矩比较小,无法满足大型航天器姿态控制和快速机动的要求。纵观国外航天器的发展,大型航天器控制系统通常采用的执行机构是控制力矩陀螺。控制力矩陀螺是指飞轮转速不变的框架动量矩轮,由定常转速的动量飞轮、支撑飞轮的框架和驱动框架转动的框架伺服系统组成。控制力矩陀螺输出力矩大、力矩平稳、动态响应快、控制线性度好、效率高,因而得到了快速发展。

控制力矩陀螺作为惯性机构,依靠陀螺转子的陀螺效应,控制框架转动,改变转子角速率、角动量方向实现力矩输出,在功率较低时具有较大的线性力矩,并可用较少的质量、功耗和较小的尺寸获得大控制力矩。

$$T = -\frac{\mathrm{d}H_\mathrm{w}}{\mathrm{d}t} - \omega_\mathrm{s} \times H_\mathrm{w} \tag{7.1}$$

式中　　T——输出力矩;

H_w——转子动量矩;

ω_s——星体相对于惯性空间的角速度。

M750 控制力矩陀螺装置是美国 ECP(Education Control Products)公司最新研发的教学仿真平台,它是四轴控制力矩陀螺系统,可通过直接作用、反作用或者陀螺驱动装置来提供转矩。如图 7.1 所示。

M750 控制力矩陀螺系统包括三个子系统。

第一个子系统是控制力矩陀螺机电设备,由控制力矩陀螺机构、传感器和执行器构成。设计特点是采用两个高扭转矩高精度的直流伺服电机以有效控制传输,高分辨率编码器用于平衡环角速度和位置信号反馈,通过低摩擦滑环将信号和电机驱动传递至所有框架。系统还包括用于框架的高速检测和安全关机的惯性开关,以及确保系统安全的机电制动器。

第二个子系统是一个实时控制器,它包括一个基于数字信号处理器(DSP)的实时控制器,伺服/执行器接口,伺服放大器及辅助电源。该 DSP 基于 M56000 处理器系列,能够实现在连续或离散时间建模的高采样率内执行控制律。该控制器解释轨迹命令,支持像数据采集、轨迹生成、系统状态和安全检查等功能。一个逻辑门阵列脉冲编码器实现编码器脉冲解码,两个可选的辅助数模转换器(DAC)进行实时模拟信号测量。

第三个子系统是 PC 机 WindowS 操作系统下运行的执行程序。该程序支持控制器指令、轨迹生成、数据采集和绘图系统执行指令等。控制器是通过"类 C"语言支持基本或高度复杂的算法。内置自动编译器通过 DSP 进行程序代码有效地下载、传送和执行。

使用者可通过改变系统的动态配置来建立不同的复杂系统模型,即可由简单的单自由度的刚体变换到具有两个输入转矩和四个输出角度的多自由度刚体的复杂系统。同时

图 7.1 Model750 控制力矩陀螺

通过直接作用或反作用的转矩来驱动机械设备,一到两个输入转矩被同时作用。学生能操控控制器,通过进动、PID 控制、闭环控制、极点配置、LQR 等实验,实现各种控制规律来控制系统;用图形显示陀螺力矩现象。该仪器支持的实验不限于此,使用者可以进行更多的尝试,拓展仪器的使用功能,丰富控制律的设计方法。因此,ECP750 控制力矩陀螺为一些相关重要原理的进一步研究和证明提供了一个示范性的实验平台。

1. 机电设备(图 7.2)

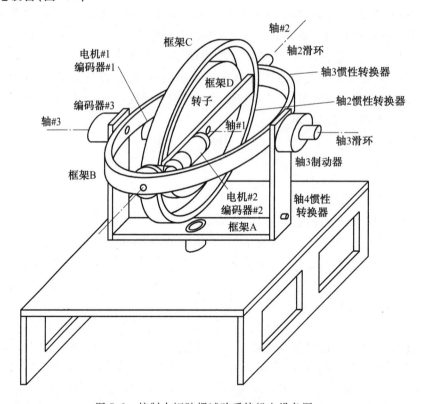

图 7.2 控制力矩陀螺试验系统机电设备图

(1)具有四个角度自由度的惯性铜质飞轮悬挂于一支架内。飞轮转子力矩由一个永磁性直流电机提供(motor♯1),角位置由 2 000 r 的光学编码器进行测量(encoder♯1)。电机驱动飞轮转子,并以 3.33∶1 的比例放大转矩和编码器的分辨率。

(2)第一个横向的框架(C)相对于轴线♯2的运动被另一个永磁性直流电机(motor♯2)驱动。电机驱动一个6.1∶1的比例放大的 B 和 C 间转矩。

(3)框架(B)和框架(A)部分关于轴线3旋转。此轴线不提供一个有效的转矩。一个制动,由控制箱上的开关控制,可以锁住 B 位置和 A 位置,来降低系统的自由度。框架(A),(B)之间的角度由 encoder♯3(16000)衡量。框架(A)与底座围绕轴线4的旋转也不提供有效转矩。轴线4的制动与轴线3的相同,反馈的分辨率也为 16 000。

(4)惯性开关。安装于(A),(B),(C)框架上,来应对框架超速情况。对于轴线2,限位开关和机械停止用来作为安全方面的限制。这些闭合的开关都是用来应对高角速率的情况。面对过速的情况,所有轴都会变慢或停止。

(5)金属滑环对每个框架轴线提供连续的角移动。这些低噪声,低摩擦的滑环可以传递电机,编码器,惯性开关,限位开关和控制箱的制动电子信号。

(6)刷式直流伺服电机和驱动放大器。

在第 k 个采样周期控制效果是一个16位 DAC,提供一个电机放大器的模拟信号输入。该放大器工作在一个跨导的模式提供电流的需求。为了提供电流源跟踪能力的模拟比例加积分(PI)控制器是在执行所要求的电流放大器。在这个跨导(电流反馈)模式下,联合的放大器/电机组合可以作为一种动力。

(7)传感器。

在 M750 中使用了四个增量式旋转轴编码。编码器1和2用来直接驱动电机关闭,并有500和1 000脉冲/转的光学分辨率,其余两个编码器为4 000脉冲/转。编码器脉冲积累提供了一个角位置测量信号。

(8)辅助模拟输出(系统选项)。

该系统选项中提供了两个模拟输出,控制盒连接到了物理驻留在实时控制器通道内的两个16位 DAC。每个模拟输出范围为±10 V 对地(−32 768～＋32 767 计数)。这些 DAC 的输出更新实时控制器是一个低优先级的任务。

2. 实时控制器

系统运行时,用户指定执行程序的控制算法,通过选择菜单键"Implement Algorithm"将其下载到基于实时控制器的 DSP 板上,DSP 立即按指定的采样周期执行此算法。这涉及读取参考输入和反馈传感器(光电编码器)的值,计算算法,并输出数字控制信号到模拟转换器(DAC)。DAC 将数据流信号转换为模拟电压信号,然后电流转换通过一个伺服放大器作用在力矩电机上,电机根据动力学特性产生扭矩。机械设备通过设备动力学方程将电机输入转换为所需的输出。编码器敏感到这些设备输出,进而输出一系列脉冲。脉冲信号通过 DSP 板上的一个计数器解码,并将数字化的位置信号转换为实时控制算法可使用的语言供其使用。

命令生成是由用户指定的轨迹运动实时生成的。这些轨迹参数由执行程序通过"Trajectory Configuration"(轨迹设置)对话框加载到实时控制器。轨迹运动包括:阶跃运动、斜坡运动、抛物线运动、三次运动、混合运动和正弦运动等。当用户指定了轨迹后,命令系统将"执行"该动作程序,轨迹参数下载到控制板。DSP 生成供实时控制算法使用的相关参考输入值。整个执行过程中,任何用户指定的数据都将被捕获并被存储在控制板的内存中。执行操作完成后,数据被上传到 PC 内存中用以绘图和保存。

　　实时控制系统主要完成各轴系位置检测以及对飞轮速度控制。系统主要完成以下功能：①初始化，完成开机和复位时的初始化操作；②与上位机进行通信，接收上位机的控制指令，返回相应控制参数及其相关数据；③将 PWM 控制信号输出给力矩电机，并采集位置传感器反馈的位置信号；④实现位置伺服控制策略。

3. ECP 执行软件

　　ECP 执行软件是用户与系统间的接口，它是一个菜单驱动程序，直观，简单。该软件运行在 IBM 的 PC 或其他兼容的计算机上，与 ECP 的数字信号处理器（DSP）的实时控制器进行通信。其主要职能是支持各种控制算法的参数下载，指定命令轨迹，选择所需数据，并指定数据应如何绘制以及实时数据显示和系统状态显示。

　　系统结构组成与参数见表 7.1。

表 7.1　系统结构组成与性能参数

项　目	名　称
反馈装置	高分辨光学编码器
执行器	高转矩永磁电动机
运动范围	连续，所有轴通向金属滑环
伺服放大器	1 kHz 电流环带宽
大小、质量	50 cm×50 cm×48 cm，16 kg

7.2　控制力矩陀螺动力学模型建立

1. 陀螺坐标系的建立

　　如图 7.3 所示，给出了由框架（A、B 和 C）及轴对称盘即飞轮转盘（D）组成的四自由度控制力矩陀螺，它是一个动态的复杂系统。D 环、A 环、B 环、C 环的转轴相互垂直，四个转轴相交于转子的质心。

　　满足右手定则的正交单位向量 a_i,b_i,c_i 和 $d_i(i=1,2,3)$ 被分别固定在 A，B，C 和 D 上，惯性（牛顿）参考系被定义为 N，正交单位向量 $N_i(i=1,2,3)$ 被固定在该参考系。四个角度确定系统的构形。环 C 中 D 在 d_2 方向的角位移被定义为 q_1。q_2 被定义为 C 相对于 B 绕 c_1 方向的转角。q_3 为 B 绕 b_2 相对 A 的转角方向的夹角，最后 q_4 被定义为 A 绕 a_3 相对 N 的转角。$\omega_i(i=1,2,3,4)$ 分别为 D，C，B，A 的角速度。图 7.3 为构形表明 $q_i(i=1,2,3,4)=0$。

2. 质量特性

　　对于系统而言，组成系统的所有部件的质心位于盘（D）的中心，它也是所有框架轴的中心。因此，在以下分析中，主要考虑旋转动力学，重力作用和摩擦力忽略不计。

　　组成系统的所有部件的主惯性矩阵如式（7.2）所示。注意每个矩阵都是在固连于各自部件的坐标系中给出的。$I_x,J_x,K_x(x=A,B,C,D)$ 分别是在部件 A，B，C 和 D 中绕第 i $(i=1,2,3)$ 方向的标量转动惯量。

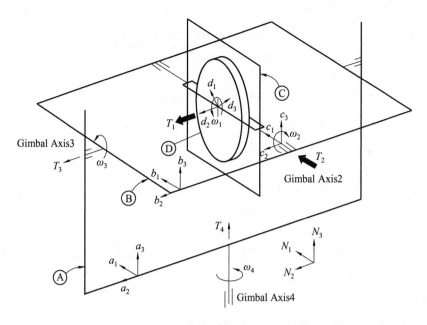

图 7.3　控制力矩陀螺实验系统的坐标系定义

$$\boldsymbol{I}^{\mathrm{A}} = \begin{bmatrix} I_{\mathrm{A}} & 0 & 0 \\ 0 & J_{\mathrm{A}} & 0 \\ 0 & 0 & K_{\mathrm{A}} \end{bmatrix} \quad \boldsymbol{I}^{\mathrm{B}} = \begin{bmatrix} I_{\mathrm{B}} & 0 & 0 \\ 0 & J_{\mathrm{B}} & 0 \\ 0 & 0 & K_{\mathrm{B}} \end{bmatrix}$$

$$\boldsymbol{I}^{\mathrm{C}} = \begin{bmatrix} I_{\mathrm{C}} & 0 & 0 \\ 0 & J_{\mathrm{C}} & 0 \\ 0 & 0 & K_{\mathrm{C}} \end{bmatrix} \quad \boldsymbol{I}^{\mathrm{D}} = \begin{bmatrix} I_{\mathrm{D}} & 0 & 0 \\ 0 & J_{\mathrm{D}} & 0 \\ 0 & 0 & I_{\mathrm{D}} \end{bmatrix} \tag{7.2}$$

注意,只有当惯性积为零时转动惯量才被考虑。对于 M750 而言,这样的简化式对于大多数动力学和控制模型来说是有效的。

3. 运动学

由于所有的质心都是位于 N 上的,所以组成该系统的所有部件的质心的线速度都为零。当前分析中只需要考虑角速度。A 在 N 中的角速度为

$$^{\mathrm{N}}\boldsymbol{\omega}^{\mathrm{A}} = \omega_4 a_3 \tag{7.3}$$

同理,我们定义以下量:

$$^{\mathrm{A}}\boldsymbol{\omega}^{\mathrm{B}} = \omega_3 b_2$$
$$^{\mathrm{B}}\boldsymbol{\omega}^{\mathrm{C}} = \omega_2 c_1 \tag{7.4}$$
$$^{\mathrm{C}}\boldsymbol{\omega}^{\mathrm{D}} = \omega_1 d_2$$

广义坐标与角速度相关联的运动学微分方程如下:

$$\dot{q}_2 = \omega_2$$
$$\dot{q}_3 = \omega_3 \tag{7.5}$$
$$\dot{q}_4 = \omega_4$$

最后,通过如下转换矩阵每个部件的坐标系都可以转换到惯性坐标系,由图 7.3 可得如

下关系式：

$$\begin{bmatrix} n_1 \\ n_2 \\ n_3 \end{bmatrix} = \begin{bmatrix} \cos(q_4) & -\sin(q_4) & 0 \\ \sin(q_4) & \cos(q_4) & 0 \\ 0 & 0 & 1 \end{bmatrix} \begin{bmatrix} a_1 \\ a_2 \\ a_3 \end{bmatrix}$$

$$\begin{bmatrix} a_1 \\ a_2 \\ a_3 \end{bmatrix} = \begin{bmatrix} \cos(q_3) & 0 & \sin(q_3) \\ 0 & 1 & 0 \\ -\sin(q_3) & 0 & \cos(q_3) \end{bmatrix} \begin{bmatrix} b_1 \\ b_2 \\ b_3 \end{bmatrix}$$

$$\begin{bmatrix} b_1 \\ b_2 \\ b_3 \end{bmatrix} = \begin{bmatrix} 1 & 0 & 0 \\ 0 & \cos(q_2) & -\sin(q_2) \\ 0 & \sin(q_2) & \cos(q_2) \end{bmatrix} \begin{bmatrix} c_1 \\ c_2 \\ c_3 \end{bmatrix}$$

$$c_2 = d_2 \tag{7.6}$$

上式是因为 D 是轴向对称的，因而被辨识出。在系统动力学和控制研究中需要的只是转子的速度（ω_1），而不是其位置（q_1）。

4. 系统输入

$T_i (i = D,C,B,A)$ 分别为环 D,C,B,A 所受的外力矩，系统需要考虑两个输入。一个输入是由 C 施加于 D 的转矩 T_1（通过转子式旋转电机），其结果是 C 和 D 上有以下转矩：

$$\begin{aligned} T^D &= T_1 d_2 \\ T^C &= -T_1 d_2 \end{aligned} \tag{7.7}$$

另两个输入是由 B 施加于 C 的转矩 T_2，其结果是 C 和 B 有如下转矩：

$$\begin{aligned} T^C &= T_2 c_1 \\ T^B &= -T_2 c_1 \end{aligned} \tag{7.8}$$

5. 非线性动力学

通过拉格朗日方程、卡恩法或其他使用算符处理程序的技术，如 AUTOLEV™，ST/Fast™，AUTOSIM™ 或 Mathematica™，可以求解运动方程。得到环 D,C,B,A 的动力学方程形式为

$$\left. \begin{aligned} T_1 + f_1(q_2,q_3;\omega_2,\omega_3,\omega_4;\dot{\omega}_1,\dot{\omega}_3,\dot{\omega}_4) &= 0 \\ T_2 + f_2(q_2,q_3;\omega_1,\omega_3,\omega_4;\dot{\omega}_1,\dot{\omega}_2) &= 0 \\ f_3(q_2,q_3;\omega_1,\omega_2,\omega_3,\omega_4;\dot{\omega}_1,\dot{\omega}_3,\dot{\omega}_4) &= 0 \\ f_4(q_2,q_3;\omega_1,\omega_2,\omega_3,\omega_4;\dot{\omega}_1,\dot{\omega}_2,\dot{\omega}_3,\dot{\omega}_4) &= 0 \end{aligned} \right\} \tag{7.9}$$

这些方程构成了该实验系统的非线性模型，与角位置 q_1 和 q_4 无关。这通过观察图 7.3 可以得到解释，图中所见到的系统的动力学描述对于转子和基座的任意一个指定位置都是理想的。也确信方程与个别角速度 ω_i 和角加速度 $\dot{\omega}_i$ 无关。

6. 线性动力学

任意操作点的线性方程组如下。

方程（7.9）在操作点附近的泰勒级数展开式的前两项（零次项和一次项）就可求出其线性化运动方程。操作点（中性稳定平衡点）被定义为

$$
\left.\begin{aligned}
\omega_1 &= \Omega \\
q_2 &= q_{20} \\
q_3 &= q_{30}
\end{aligned}\right\} \tag{7.10}
$$

使用这些定义后,线性化方程变为

$$
\left.\begin{aligned}
&T_1 - J_D\dot{\omega}_1 - J_D\cos(q_{20})\dot{\omega}_3 - J_D\sin(q_{20})\cos(q_{20})\dot{\omega}_4 = 0 \\
&T_2 + J_D\Omega\cos(q_{20})\cos(q_{30}) + \sin(q_{30})(I_C + I_D)\dot{\omega}_4 - \\
&\qquad J_D\Omega\sin(q_{20})\omega_3 - (I_C + I_D)\dot{\omega}_2 = 0 \\
&J_D\Omega\sin(q_{20})\omega_2 - J_D\Omega\sin(q_{20})\sin(q_{30})\omega_4 - J_D\Omega\cos(q_{20})\dot{\omega}_1 - \\
&\qquad \sin(q_{20})\cos(q_{20})\cos(q_{30})(J_C + J_D - I_D - K_C)\dot{\omega}_4 - \\
&\qquad (J_B + J_C + J_D - \sin(q_{20})^2)(J_C + J_D - I_D - K_C)\dot{\omega}_3 = 0 \\
&J_D\Omega\sin(q_{20})\sin(q_{30})\omega_3 + \sin(q_{30})(I_C + I_D)\dot{\omega}_2 - J_D\Omega\cos(q_{20})\cos(q_{30})\omega_2 - \\
&J_D\sin(q_{20})\cos(q_{30})\dot{\omega}_1 - \sin(q_{20})\cos(q_{20})\cos(q_{30})(J_C + J_D - I_D - K_C)\dot{\omega}_3 - \\
&\qquad (I_D + K_A + K_B + K_C + \sin(q_{20})^2(J_C + J_D - I_D - K_C) + \\
&\qquad \sin(q_{30})^2(I_B + I_C - K_B - K_C - \sin(q_{20})^2)(J_C + J_D - I_D - K_C))\dot{\omega}_4 = 0
\end{aligned}\right\} \tag{7.11}
$$

注意:线性方程组与 q_4 的操作点无关,因为它们对于选作操作点的任意 q_4 值都是有效的。上面的等式定义了系统在任意操作点和各种可能构形的线性动力学。

带有符号操作,方程可以表示成如下状态空间形式:

$$
\begin{bmatrix} \dot{q}_2 \\ \dot{q}_3 \\ \dot{q}_4 \\ \dot{\omega}_1 \\ \dot{\omega}_2 \\ \dot{\omega}_3 \\ \dot{\omega}_4 \end{bmatrix} =
\begin{bmatrix}
0 & 0 & 0 & 0 & 1 & 0 & 0 \\
0 & 0 & 0 & 0 & 0 & 1 & 0 \\
0 & 0 & 0 & 0 & 0 & 0 & 1 \\
0 & 0 & 0 & 0 & A_{45} & 0 & A_{47} \\
0 & 0 & 0 & 0 & A_{55} & A_{56} & A_{57} \\
0 & 0 & 0 & 0 & A_{65} & 0 & A_{67} \\
0 & 0 & 0 & 0 & A_{75} & 0 & A_{77}
\end{bmatrix}
\begin{bmatrix} q_2 \\ q_3 \\ q_4 \\ \omega_1 \\ \omega_2 \\ \omega_3 \\ \omega_4 \end{bmatrix} +
$$

$$
\begin{bmatrix}
0 & 0 \\
0 & 0 \\
0 & 0 \\
B_{41} & B_{42} \\
B_{51} & B_{52} \\
B_{61} & B_{62} \\
B_{71} & B_{72}
\end{bmatrix}
\begin{bmatrix} T_1 \\ T_2 \end{bmatrix} \tag{7.12}
$$

M750 系统提供了一个 Matlab 程序可以生成以上给定质量特性和标称状态:Ω,q_{20} 和 q_{30} 的对象模型。

7. 线性动力模型

我们可以为以下实验要研究的几种特殊情况进一步简化动力学方程。选择工作点(稳定的平衡点）：$\omega_1=\Omega,q_{20}=0,q_{30}=0,\Omega$ 为转盘的转速。在零初始条件下，可将方程（7.12）简化为线性方程：

$$\left.\begin{array}{l} T_1-J_\mathrm{D}\dot\omega_1-J_\mathrm{D}\dot\omega_3=0\\ T_2+J_\mathrm{D}\Omega\omega_4-(I_\mathrm{C}+I_\mathrm{D})\dot\omega_2=0\\ J_\mathrm{D}\dot\omega_1+(J_\mathrm{B}+J_\mathrm{C}+J_\mathrm{D})\dot\omega_3=0\\ J_\mathrm{D}\Omega\omega_2+(I_\mathrm{D}+K_\mathrm{A}+K_\mathrm{B}+K_\mathrm{C})\dot\omega_4=0 \end{array}\right\} \tag{7.13}$$

其中，$I_x(x=\mathrm{A,B,C,D})$—— 环 A，B，C，D 中关于方向 1 的转动向量；

$J_x(x=\mathrm{A,B,C,D})$—— 环 A，B，C，D 中关于方向 1 的转动向量；

$K_x(x=\mathrm{A,B,C,D})$—— 环 A，B，C，D 中关于方向 1 的转动向量。

Ω—— 环 D 即飞轮的旋转速度。

方程（7.13）构成了该实验系统的线性模型。

（1）特殊情况 1：所有框架自由（反作用和陀螺力矩起作用）。

如图 7.4 所示，单位矢量 c_1 和 d_2 正交于 a_3（也就是说，T_1 和 T_2 是水平方向指向）。为了控制建模，方程（7.13）表示成状态空间形式。

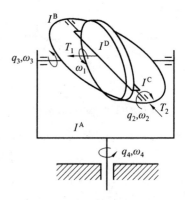

图 7.4　所有框架自由的构形（$q_{20}=0,q_{30}=0$）

$$\begin{bmatrix}\dot q_2\\\dot q_3\\\dot q_4\\\dot\omega_1\\\dot\omega_2\\\dot\omega_3\\\dot\omega_4\end{bmatrix}=\begin{bmatrix}0&0&0&0&1&0&0\\0&0&0&0&0&1&0\\0&0&0&0&0&0&1\\0&0&0&0&0&0&0\\0&0&0&0&0&0&\dfrac{J_\mathrm{D}\Omega}{I_\mathrm{C}+I_\mathrm{D}}\\0&0&0&0&0&0&0\\0&0&0&0&\dfrac{-J_\mathrm{D}\Omega}{I_\mathrm{D}+K_\mathrm{A}+K_\mathrm{B}+K_\mathrm{C}}&0&0\end{bmatrix}\begin{bmatrix}q_2\\q_3\\q_4\\\omega_1\\\omega_2\\\omega_3\\\omega_4\end{bmatrix}+$$

$$\begin{bmatrix}0&0\\0&0\\0&0\\\dfrac{J_\mathrm{B}+J_\mathrm{C}+J_\mathrm{D}}{J_\mathrm{D}(J_\mathrm{B}+J_\mathrm{C})}&0\\0&\dfrac{1}{I_\mathrm{C}+I_\mathrm{D}}\\\dfrac{-1}{J_\mathrm{B}+J_\mathrm{C}}&0\\0&0\end{bmatrix}\begin{bmatrix}T_1\\T_2\end{bmatrix} \tag{7.14}$$

此系统是一个七阶系统，动力学矩阵的特征值是一个刚体模型（两个极点均为零），三个位于原点的附加极点表示运动微分方程,两个复极点对应章动频率 ω_2 和相关联的使框架耦合的振荡模态 ω_4。

方程(7.14)求拉普拉斯变换可得

$$\frac{q_3(s)}{T_1(s)} = \frac{1}{J_B + J_C} \tag{7.15}$$

$$\frac{q_4(s)}{T_2(s)} = \frac{-\Omega J_D}{(I_D + K_A + K_B + K_C)(I_D + I_C)s^3 + \Omega^2 J_D^2 s} \tag{7.16}$$

$$\frac{q_2(s)}{T_2(s)} = \frac{I_D + K_A + K_B + K_C}{(I_D + K_A + K_B + K_C)(I_D + I_C)s^2 + \Omega^2 J_D^2} \tag{7.17}$$

(2) 特殊情况 2:框架 3 锁定(只有陀螺力矩作用)。

在本构形中,框架 3 被锁定($\omega_3 = 0$),使框架 A 和 B 成为一体,此时 T_1 和 T_2 成为输入力矩,如图 7.5 所示,当飞轮旋转时,圆盘的位置 q_4 和速率 ω_4 由旋转框架 2 的旋转控制,即由 T_1 和 T_2 输入力矩控制。这用于演示陀螺力矩的作用。

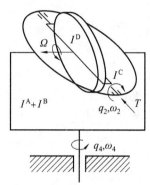

在令 $q_2 = 0$,$q_3 = 0$,$\dot\omega_3 = 0$,其中 $q_{20} = 0$ 表示环 C 的初始位置为 0。可将方程(7.13)进一步简化得到相应的动力学公式:

$$T_1 - J_D\dot\omega_1 = 0$$
$$T_2 + J_D\Omega\omega_4 - (I_C + I_D)\dot\omega_2 = 0 \tag{7.18}$$
$$J_D\Omega\omega_2 + (I_D + K_A + K_B + K_C)\dot\omega_4 = 0$$

图 7.5　框架 3 锁定,其他自由($q_{20} = 0$,$q_3 = 0$)

以 T_1 和 q_3,ω_1,ω_3 为输入,q_2,q_4,ω_1,ω_2,ω_4 为状态变量,上式写成状态空间表达式形式如下:

$$
\begin{bmatrix} \dot q_2 \\ \dot q_4 \\ \dot\omega_1 \\ \dot\omega_2 \\ \dot\omega_4 \end{bmatrix} =
\begin{bmatrix} 0 & 0 & 0 & 1 & 0 \\ 0 & 0 & 0 & 0 & 1 \\ 0 & 0 & 0 & 0 & 0 \\ 0 & 0 & 0 & 0 & \dfrac{J_D\Omega}{I_C + I_D} \\ 0 & 0 & 0 & \dfrac{-J_D\Omega}{I_D + K_A + K_B + K_C} & 0 \end{bmatrix}
\begin{bmatrix} q_2 \\ q_4 \\ \omega_1 \\ \omega_2 \\ \omega_4 \end{bmatrix} +
\begin{bmatrix} 0 & 0 \\ 0 & 0 \\ \dfrac{1}{J_D} & 0 \\ 0 & \dfrac{1}{I_C + I_D} \\ 0 & 0 \end{bmatrix}
\begin{bmatrix} T_1 \\ T_2 \end{bmatrix}
\tag{7.19}
$$

可以看到运动微分方程没有 q_3,是一个单极点的刚体模式,来自于之前刚体的一对极点的单极点保持与转子转速相当,与章动模式一致。

在这些方程中,转子旋转动力学是与第二框架和第四框架解耦的。由于转子速度可独立控制,主要的动能变成了框架位置的运动,也就是

$$\begin{bmatrix} \dot{q}_2 \\ \dot{q}_4 \\ \dot{\omega}_2 \\ \dot{\omega}_4 \end{bmatrix} = \begin{bmatrix} 0 & 0 & 1 & 0 \\ 0 & 0 & 0 & 1 \\ 0 & 0 & 0 & \dfrac{J_D\Omega}{I_C + I_D} \\ 0 & 0 & \dfrac{-J_D\Omega}{I_D + K_A + K_B + K_C} & 0 \end{bmatrix} \begin{bmatrix} q_2 \\ q_4 \\ \omega_2 \\ \omega_4 \end{bmatrix} + \begin{bmatrix} 0 \\ 0 \\ \dfrac{1}{I_C + I_D} \\ 0 \end{bmatrix} T_2 \qquad (7.20)$$

式(7.20)所给出的实现不是一个最小实现,这是因为传递函数 $q_4(s)/T_2(s)$ 和 $q_2(s)/T_2(s)$ 分别是三阶和二阶时,它有四个状态变量。q_4 的最小实现是方程(7.20)中除掉 q_2 所对应的行和列所得的状态,q_2 的最小实现是通过假设 q_2 和 ω_4 的初值为零,然后对方程(7.18)计算,结果为

$$\begin{bmatrix} \dot{q}_4 \\ \dot{\omega}_2 \\ \dot{\omega}_4 \end{bmatrix} = \begin{bmatrix} 0 & 0 & 1 \\ 0 & 0 & \dfrac{J_D\Omega}{I_C + I_D} \\ 0 & \dfrac{-J_D\Omega}{I_D + K_A + K_B + K_C} & 0 \end{bmatrix} \begin{bmatrix} q_4 \\ \omega_2 \\ \omega_4 \end{bmatrix} + \begin{bmatrix} 0 \\ \dfrac{1}{I_C + I_D} \\ 0 \end{bmatrix} T_2 \qquad (7.21)$$

$$\begin{bmatrix} \dot{q}_2 \\ \dot{\omega}_2 \end{bmatrix} = \begin{bmatrix} 0 & 1 \\ \dfrac{-(J_D\Omega)^2}{(I_D + K_A + K_B + K_C)(I_D + I_C)} & 0 \end{bmatrix} \begin{bmatrix} q_2 \\ \omega_2 \end{bmatrix} + \begin{bmatrix} 0 \\ \dfrac{1}{I_D + I_C} \end{bmatrix} T_2 \qquad (7.22)$$

$$\frac{q_4(s)}{T_2(s)} = \frac{N_4}{D(s)} \qquad (7.23)$$

$$\frac{q_2(s)}{T_2(s)} = \frac{N_2}{D(s)} \qquad (7.24)$$

这里

$$D(s) = (I_C + I_D)(I_D + K_A + K_B + K_C)s^3 + \Omega^2 J_D^2 s$$
$$N_2 = k_{e2} k_{m2} (I_D + K_A + K_B + K_C)s$$
$$N_4 = -k_{e4} k_{m2} \Omega J_D$$

(3) 特殊情况 3:框架 3 锁定,ω_4 速度可调。

在此种构形中,框架 3 再次被锁定,框架 2 的角速度 ω_2 是系统的一个输入。实际上,这样的系统可以由 ω_2 的闭环控制来近似,然后用 ω_2 作为系统输入来控制 q_4。动力学方程可以表示成状态空间和传递函数:

$$\begin{bmatrix} q_4 \\ \omega_4 \end{bmatrix} = \begin{bmatrix} 0 & 1 \\ 0 & 0 \end{bmatrix} \begin{bmatrix} q_4 \\ \omega_4 \end{bmatrix} + \begin{bmatrix} 0 \\ \dfrac{-J_D\Omega}{I_D + K_A + K_B + K_C} \end{bmatrix} \omega_2 \qquad (7.25)$$

$$\frac{q_4(s)}{\omega_2(s)} = \frac{J_D\Omega}{(I_D + K_A + K_B + K_C)s^2} \qquad (7.26)$$

这在动力学上等同于一个输入转矩为 $J_D\Omega\omega_2$、惯量为 $I_D + K_A + K_B + K_C$ 的刚体。

(4) 特殊情况 4:框架 2 锁定(反作用力矩作用在框架 B 和 C 上)。

在这种构形中,当环 C 被锁死时,框架 B 和框架 C 合为一体,此时 T_1 成为唯一输入力矩,如图 7.6 所示,用于演示反作用力矩。力矩可用来改变作用于组合体 B 和 C 上的转子转速,也可以用于控制组合体的位置 q_3。

令 $\dot{\omega}_2 = 0, \dot{\omega}_4 = 0, q_2 = 0$。可将动力学表达式进一步简化为

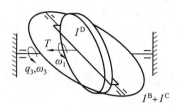

图 7.6　框架 2 被锁定，其他框架自由（$q_2 = 0$）

$$T_1 - J_D \dot{\omega}_1 - J_D \dot{\omega}_3 = 0$$
$$J_D \dot{\omega}_1 + (J_B + J_C + J_D) \dot{\omega}_3 = 0$$
$$\tag{7.27}$$

以 T_1 为输入，q_3, ω_1, ω_3 为状态变量，上式写成状态空间表达式形式为

$$
\begin{bmatrix} \dot{q}_3 \\ \dot{\omega}_1 \\ \dot{\omega}_3 \end{bmatrix} =
\begin{bmatrix} 0 & 0 & 1 \\ 0 & 0 & 0 \\ 0 & 0 & 0 \end{bmatrix}
\begin{bmatrix} q_3 \\ \omega_1 \\ \omega_3 \end{bmatrix} +
\begin{bmatrix} 0 \\ \dfrac{J_B + J_C + J_D}{J_D(J_B + J_C)} \\ \dfrac{-1}{J_B + J_C} \end{bmatrix} T_1
\tag{7.28}
$$

此系统具有刚体模式，包括转子、框架 3，并且极点与 q_3 的动力学微分方程有关。在此系统的典型动力学和控制研究中，框架 3 的运动 q_3 是最重要的，相应系统为二阶系统

$$
\begin{bmatrix} \dot{q}_3 \\ \dot{\omega}_3 \end{bmatrix} =
\begin{bmatrix} 0 & 1 \\ 0 & 0 \end{bmatrix}
\begin{bmatrix} q_3 \\ \omega_3 \end{bmatrix} +
\begin{bmatrix} 0 \\ \dfrac{-1}{J_B + J_C} \end{bmatrix} T_1
\tag{7.29}
$$

通常只关心转子转速，它与一些硬件限制有关，诸如安全运行的最大转速、旋转电机转矩／转速特性限制等。转子转速可以通过对方程（7.26）的中间行的公式积分获得，也就是

$$\omega_1 = \omega_{1o} + \frac{J_B + J_C + J_D}{J_D(J_B + J_C)} \int_0^{\tau} T_1(\tau) \mathrm{d}\tau \tag{7.30}$$

以 T_1 为输入，q_3 为输出，式（7.29）可整理得

$$G(s) = \frac{q_3(s)}{T_1(s)} = \frac{-1}{(J_B + J_C)s^2} \tag{7.31}$$

式（7.31）即为将该控制力矩陀螺实验系统简化为一个单入单出系统时的模型。

7.3　系统安全须知和自导引示范

控制力矩陀螺系统具有高动能，因此在操作仪器之前请使用者认真阅读实验安全注意事项，建议在实验过程中随时保存数据和控制配置文件，以免系统发生故障时造成不必要的损失。本节将通过自导示范使学生快速熟悉关键系统操作和执行程序功能。

1.系统安全须知

重要提示 1：在每次操作系统之前，必须验证其安全功能。

重要提示 2：在使用之前，必须检查每部分的结构，以确认飞轮支承结构，飞轮的外盖，刹车，惯性开关都完好无损，并扣紧。

重要提示 3：在发生紧急情况时，立即按下控制箱前面的红色"关闭（OFF）"按钮停止操作。

重要提示 4:开启控制箱,设备附近的所有人都必须意识到这些警告。

2.验证系统的安全功能

(1)确保到控制箱不存在任何连接(例如,模数转换器的输入或编码器读数)等,如果它们有连接,但应不给控制箱提供任何信号电压。

(2)将机电设备接到控制箱,并确认将控制箱插到适合的电源上。

(3)确认没有物体干扰框架的自由运动。

(4)按红色"ON"按钮打开控制箱电源。随着制动器关闭,确认轴2,3和4能自由旋转。

(5)将轴2(内环)慢慢手动转动到超程限制处。当听到咔嗒声时,控制箱应掉电,且轴3和轴4制动。使框架离开机械停止开关,重新开启控制箱后面的电源。向相反方向转动内环,直到接触停止开关,确认控制箱掉电并制动。如果系统达到两个方向上的行程限位开关时自动关机,可进行下一步操作。

(6)慢慢手动转动轴3(外环)找到可以轻快转动框架且不伤到手指的感觉。轻快转动框架达到约100 r/m(1.7 r/s)。系统应当自动掉电,轴3和轴4制动。

(7)对轴4的框架(装置基座上的垂直U型框架)重复步骤(5)。这里将需要大约120 r/m才能造成系统自动关机。

3.其他安全功能

继电器电路安装在控制箱内,使得电源一旦关闭,制动器就起作用,电机绕组短路。电机绕组短路作用是使电机工作在发电模式,从而提供黏性阻尼。这使其所连接的组件依次减速。

检测框架超速的g—开关(惯性开关)通常是关闭的,所以任何不慎断开相关电路将导致系统掉电并制动。这些开关类型是断电自动防故障型,这意味着要想松开制动必须供电,因此,在各框架自由之前,控制箱必须供电和关闭各自开关。任何不慎断开制动回路将导致制动。

有两个限位开关和机械停止开关用于检测超程和保护轴2。当检测超程时,常闭开关断开,控制箱掉电。

电机转子的速度受限于旋转电机空载转速和电源电压。速度不能超过约1 400 r/m。在控制箱内有两个3.0 A,120 V的慢熔保险丝。一个被安置在控制箱背面靠近电源线插头的位置。第二个安置在控制箱内靠近蓝色大电容的位置。

4. 控制器安全检查

用手接触运行的设备时需要小心并且避免衣服或者头发被卷入机器。使用者应与正在运行的设备保持一定的距离可以极大降低受伤风险。机器停止运转并不能保证触碰机器是安全的。在某些情况,不稳定的控制器可能已经运行,但系统在受到扰动前仍然保持静止,此时机器可能发生剧烈的反应。

为了消除受伤风险,用户应该在接触机器设备之前进行控制器安全检查。用户可以用没有锋利边缘的细长轻质物体(例如,没有锋利边缘的尺子或没削尖的铅笔)慢慢地将每个框架从一边移动到另一边。保证检查时双手远离设备且轻轻触碰每个框架。当装置不转动或不摆动时,要小心地用手触碰它。任何使用者每次使用设备时都要重复这一步骤。

5. 启动和关闭的步骤

启动步骤建议如下：

首先，打开装有实时控制器的计算机。其次，打开控制箱电源（按下黑色开关）。然后打开功放盒电源（按下黑色开关）。再进入任何 ECP 执行程序并点击 Utility Menu 下的"Reset Controller"选项。注意，每次重启功放盒（黑盒）电源时，必须通过 Utility Menu 下的"Reset Controller"选项来复位 DSP 板。

关闭步骤建议如下：

首先，关闭控制箱电源。其次，关闭计算机。

6. 设备使用警告

警告 1：设备正在运行、轨迹执行或起作用的控制器安全检查前，要与设备保持距离并禁止用手碰触设备的任何部件。

警告 2：除了电机驱动电源断开时，否则穿着宽松的衣服或者头发散开的时候要远离正在运转的机器。

警告 3：转子绝不能在高于 825 r/m 的速度下运行。用户必须采取预防措施，以保证不超过这个限制。

警告 4：控制箱通电时，切勿离人。

警告 5：任何对 750 系统及其电箱的修改可能导致系统不安全。

警告 6：更换控制箱的保险丝之前必须将控制箱电源线拔掉。

警告 7：为了使刹车在持续使用后有效，当刹车生效时，不应重复移动相关框架，用户必须尽量减少框架的强制运动，以减少磨损。

警告 8：为了保持刹车有效，不能污染刹车盘片。用户必须保证没有油或油脂材料污染刹车。

7. 系统描述与操作规范

ECP 执行软件是系统的用户操作界面，它的菜单直观，友好、易学。该软件运行在 IBM 的 PC 或其他兼容的计算机上，与 ECP 的数字信号处理器（DSP）的实时控制器进行通信。其主要功能是支持各种控制算法的参数传送，指定命令轨迹，选择所需数据，并指定数据应如何绘制，以及实时数据显示和系统状态显示。

操作界面包括主菜单、实时数据显示、系统状态和紧急情况下用于立即中断控制作用的紧急中断按钮。

（1）实时数据显示。

数据显示区域（Data Display）显示即时命令位置、编码器位置和转子速度。

（2）系统状态显示。

当一个 ∗.ALG 文件（算法文件）被编译并传送到 DSP 板时，控制回路状态显示闭环（Closed）。当显示开环（Open）时，控制回路不起作用。

电机状态正常时（Motor Status）域显示 OK，故障时区域会显示超限（Limit Exceeded）。清除故障可用菜单（Utility menu）复位（Reset）键对 DSP 板复位。

伺服时间限制正常时（Servo Time Limit），区域显示 OK，否则执行 ∗.ALG 文件。所选采样周期不合适，将发生超限显示（Limit Exceeded），闭环回路将自动打开。

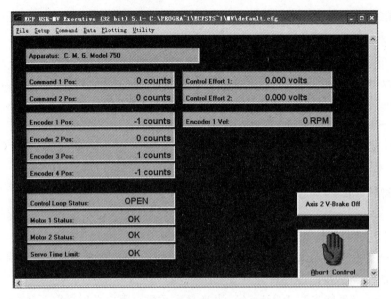

图 7.7　　ECP 软件背景屏幕

（3）紧急中断按钮（Abort Control）。

点击紧急中断控制按钮后，可断开控制回路。注意通过控制箱上"OFF"按钮也可立即停止控制作用。

（4）加载设置（Load Settings）。

加载配置文件到执行程序，配置文件带有.cfg 后缀的文件。后加载的 ＊.cfg 文件会覆盖以前配置的设置，但不影响现有实时控制中的控制器。配置文件包括最后使用的控制算法文件、轨迹、数据采集和之前保存的绘图项信息。

每次执行程序开始时，要先加载 default.cfg 配置文件。配置文件与执行文件须保存在同一目录里。

（5）保存设置（Save Settings）。

能保存当前用户 ＊.cfg 文件。可设置保存为 default.cfg 文件，用作默认配置文件。

（6）设置控制算法（Control Algorithm）。

允许用户编写和编译控制算法，并通过 DSP 控制器实现这些算法。

编辑算法（Edit Algorithm）打开 EPCUSER 编辑器，用户可以在这里创建伺服算法。实现算法（Implement Algorithm）可将用户代码从缓存区加载到实时控制器。

从磁盘加载（Load from Disk）选项允许用户把以前所写的 ＊.ALG 算法文件加载到编辑器。

一旦调用编辑算法（Edit Algorithm），将显示编辑屏幕。

注意：编辑器不区分字母大小写！

（7）用户编写控制算法的结构。

任何用户编写的控制算法代码都是由三个不同部分组成：定义段（the definition segment）、变量初始化段（the variable initialization segment）、伺服回路或实时执行段（the servo loop or real—time execution segment）。

当用户将控制算法加载到实时控制器时，它使用定义段将内部变量 $q(q_1, q_2, \cdots, q_{100})$ 分配给用户在定义段定义的变量。变量初始化段用来赋值给伺服增益和/或系数,这些增益或系数在运行闭环代码前要么保持恒定,要么必须指定为某一初值。伺服回路代码段以"begin"语句开始,以"end"语句结束。在两个语句之间的任何合法赋值和条件语句将在每一个采样周期(Sample Period)被执行,代码的执行时间不超过采样周期。(如果发生这种情况,伺服时间超限"Servo Time Limit Exceeded"显示在背景屏幕上,回路将断开。用户可以降低"begin"和"end"语句间代码的复杂度或者增加采样时间)。

① 定义段。

总共有 100 个通用变量,即 $q_1 \sim q_{100}$,用户可以用于对增益、控制器系数和控制器变量赋值。这些变量是被实时控制器内部使用的,以 48 位浮点数形式储存和处理,为方便用户, ♯define语句可以用于将适用于特定伺服算法的字符赋值给 q 变量,例如:

♯ define gain_1 q_2 ;assigns to the variable q_2 the name gain_1

或

♯ define past_pos1 q_6 ;assigns to the variable q_6 the name past_pos1

注意:";"后的所有文字将被实时控制器忽略,用于用户的注释。特殊变量 q_{10}, q_{11}, q_{12} 和 q_{13} 可以通过数据(Data)菜单按照其他数据收集标准获得。此功能有助于使用者检查除指令、传感器反馈位置及控制效果外特殊控制算法中的关键内部控制变量。

除了这 100 个通用变量外,还有如下八个全局变量:

cmd1_pos

cmd2_pos

enc1_pos

enc2_pos

enc3_pos

enc4_pos

control_effort1

control_effort2

前六个是预定义即时指令位置和 1 至 4 号编码器的实际位置,由用户算法将数值赋值给全局变量 control_effort 用作特殊伺服回路的控制效果(例如,输出到数模转换器(DAC)伺服放大器电机),见下面的例子。

重要提示:不准用户将上述全局变量名在任意定义语句中用作通用变量名。

② 初始化代码段。

在这段,用户可以预先定义该算法的常数(增益和控制器系数)和算法变量的初值。例如:

gain_1＝0.78 ;assigns to gain_1 the value of 0.78

gain_1＝0.78 * 3/gain_3 ;requires gain_3 to be previously defined

past_pos1＝0.0 ; initialize the past position cell

注意:以上三个例子假设 ♯ define 语句是用在一个通用变量 $q_i (i=1,2,\cdots,100)$,如 gain_1 的字符变量相关的定义代码(Definition Code)段。此外,所有的初始化和所有常值的赋值都应该放在伺服回路编码段的外部,以最大限度地提高伺服回路的执行速度。

特别注意:如果随后用户指定了伺服回路转子转速控制算法(即 control_effort1 是一个

输出),并且转子速度已被初始化。初始化代码必须包含"m136＝0"语句(或者定义段标注为"♯define rotorspeedreg m136"及随后初始化代码标注为 rotorspeedreg＝0)。初始化转子转速(Initialize Rotor Speed)下控制转子的后台程序是被禁用的。如果该程序不被禁用,那么它将比用户的伺服回路程序更有优先权,转子转速将保持不变。

　　如在要求对陀螺力矩起作用时施加初始动量干扰,但需要提供反作用力矩控制电机转速的多输入多输出控制器这样的程序中就有这种情况。用户可能希望初始化转子转速(Initialize Rotor Speed),然后用自己的算法接着控制转子转矩。

　　③伺服回路段。

　　此段以"begin"语句开始,以"end"语句结束。位于其间的所有合法赋值语句和条件语句都将在每个采样周期(Sample Period)内执行,代码的执行不能超过采样周期。

　　【例】　考虑以下用户编写的控制算法程序。

```
; * * * * * * * * * * * Definition code segment * * * * * * * * * * * * *
# define kpf q1 ; define kpf as general variable q1
# define k1 q2 ; define k1 as general variable q2 and so on
# define k2 q3
# define k3 q4
# define k4 q5
# define past_pos1 q6
# define past_pos2 q7
# define dead_band q8
; * * * * * * * * * * Initialization code segment * * * * * * * * * * * *
past_pos1＝0 ; initialize algorithm variables
past_pos2＝0
kpf＝0.93 ; initialize constant gains etc.
k1＝0.78
k2＝3.14
k3＝0.156
k4＝7.58
dead_band＝100 ; the size of dead band is set at 100 counts
; * * * * * * * * * * ServoLoop Code Segment * * * * * * * * * * * * * *
begin
    if ((abs(enc1_pos) ! > dead_band)
        k1＝k1+0.5
    else
        k1＝0.78
    endif
    control_effort＝kpf * cmd_pos－k1 * enc1_pos－k3 * enc2_pos－k3 * (enc1_pos
－past_pos1)－k4 * (enc2_pos－past_pos2)
    past_pos1＝enc1_pos
```

```
        past_pos2＝enc2_pos
end
```

这是一个简单的状态反馈算法,其条件增益随编码器 1 的位置值变化。首先,需要定义一些通用变量,然后将它们初始化,最后在"begin"和"end"语句间编写想要在每个采样周期(Sample Period)运行的代码。此外,"if"和"else"语句用于根据编码器 1 的瞬时位置的绝对值("abs")改变增益 k_1 的值。

④加载(Load)。

允许允许用户把以前所写的 ＊.ALG 算法文件加载到编辑器。

⑤用户单位固定。

框架和转子的角度(编码器 1～4)及指令位置的单位均为"数"(counts),现实的转速单位为"转/分"(r/m)。显示的控制作用单位为"伏特"(V)。对于 M750 系统,转子轴 1 每转 6 667 个数,轴 2 每转 24 400 个数,轴 3 和轴 4 每转均 16 000 个数。

通信默认的波特率设置为 34 800 b/s。

8. ECP 执行程序自导引示范

按照下面的说明,实际操控实时控制器,操纵系统完成各种轨迹运行,采集和绘制数据。

(1)切断控制箱和 PC 机电源。

(2)在控制箱断电情况下,打开 PC 机电源。双击 ECP 程序图标进入 ECP 程序。轻轻旋转内框架环(带有黄铜转子的那个环)。观察计算机主控界面编码器 2 位置的改变,编码器 1(转子)位置也可能有一些微小的改变。控制回路状态(Control Loop Status)应该显示"打开(OPEN)",并且电机 1 状态(Motor 1 Status),电机 2 状态(Motor 2 Status),伺服时间限制(Servo Time Limit)都应显示为"OK"。如果是这种情况跳过第 3 步直接进行第 4 步。

(3)如果 ECP 程序找不到实时控制器(如果是这种情况,系统会以弹出式消息通知您),尝试一下"设置(Setup)"菜单下的"通信(Communication)"对话框。选择 PC 总线上的地址 528,并点击测试按钮。如果实时控制器仍然没有找到,尝试将超时时间从 5 000 增加到最大值 80 000。如果仍不能解决问题,关掉计算机电源然后将计算机机箱打开。打开机箱后重新检查控制器电路板是否正确插入。再次打开电源,观察控制器卡上的两个 LED 灯。如果绿色 LED 亮,则表示正常工作,如果红色 LED 亮,则用户应该咨询 ECP 公司。如果绿色 LED 亮,关闭计算机电源,重新装好机箱,然后再次打开计算机电源。现在返回 ECP 程序,用户应该看到随着轻轻转动内环编码器 2 位置会改变。

(4)将电源线连接到控制箱,然后按下黑色的"ON"按钮打开控制箱电源。此时绿色电源指示灯亮,但电机应保持禁用状态。通过控制箱上的波动开关断开轴 3 和轴 4 上的制动,然后进行控制器的安全检查。现在移动轴 3 和轴 4,可以看到在执行程序背景屏上的相应编码器位置值发生改变,编码器 1 位置通常随移动轴 3 而改变。

注意:如果在此步骤的任意一点中,装置或控制器超出 ECP 固件所检测出的安全限度,执行程序的背景屏幕上的系统状态将在一个或多个区域显示超限(Limit Exceeded),必须选择复位控制器(Reset Controller)(Utility 菜单),然后重新进行原来的步骤。

(5)加载配置文件。在控制箱断电情况下,进入 ECP 执行程序。按下黑色按钮,打开控制箱电源,确认系统如图 7.2 所示设置,两个制动都已打开。如果不是,关闭两个制动(控制箱前端的拨动开关),重新定位系统,然后再打开两个制动。

进入文件(File)菜单,选择加载设置(Load Setting)选项,点击"default. cfg"文件。该配置文件用于配置磁盘,文件将立刻被复制到 ECP 目录中。

实际上,启动时此配置文件会被自动加载到执行程序。配置文件是一个带有". cfg"后缀的文件,是之前使用保存设置(Save Settings)保存过的。对话框允许使用者加载以前保存过的配置文件到执行程序,任何一个带有" * . cfg"的文件随时都可以被加载。最后加载的" * . cfg"文件将会覆盖 ECP 执行程序中之前的配置设置,但不会影响处于 DSP 实时控制中的现有控制器。在控制器"实现"之前任何对算法的修改都不会生效。配置文件包含最后使用的控制算法文件、轨迹、数据收集和之前保存的绘图项的信息。注意,每次执行程序开始时,一个称为"default. cfg"(用户可以自定义)的特定配置文件被加载。这个文件必须与执行文件保存在同一个目录,以便于自动加载。

(6)操作控制器。现在进入设置(Setup)菜单,选择控制算法(Control Algorithm)选项。可以看到采样时间 $T_s = 0.008\ 84$ s,控制器"Gimbal2. alg"被加载[文件名及其路径应该会出现在对话框中的用户代码(User Code)区域]。这个控制器被设计为实现轴 2 的简单控制闭环,其他环不变。如果算法没被加载,应该通过从磁盘加载(Load From Disk...)找到它。

在设置控制算法(Setup Control Algorithm)对话框,选择实现算法(Implement Algorithm)。控制律马上被加载到实时控制器,并立即生效。使用一把尺子或铅笔的橡皮端轻轻拨动内环来验证控制是否有效(它应抵制所施加的力)且稳定。如果框架自由移动,再次点击实现算法(Implement Algorithm)按钮直到注意到伺服闭环。

可以在这一点上观察实时算法。根据实时算法结构实现了绕轴 2 的简单 PD 控制律("control_effort2"总是发送到电机#2)。接收"cmd1_pos"作为参考输入,这是两个可用信号之一。可以在设置控制算法(Setup Control Algorithm)对话框内浏览算法(在此窗口可以浏览但不可以编辑算法)。为了观察更细致,可以选择编辑算法(Edit Algorithm)。在此编辑器中,可以编写更多的实时程序。如果已进入编辑器,在文件(File)菜单上选择 Cancel 退出。

(7)设置数据采集。进入数据(Data)菜单选择数据采集设置(Setup Data Acquisition)选项。在此对话框中确保以下四个项目被选中:指令位置 1&2(Commanded Position1&2),编码器 2,3&4(Encoders 2,3&4),控制效果 1&2(Control Efforts1&2),数据采集周期(Data sample period)设置为 2,即数据在每两个伺服周期内被采集一次(这种情况下,每 $2×0.008\ 84=0.017\ 68$ s)。

(8)阶跃输入轨迹和绘图。进入指令(Command)菜单,选择轨迹 1(Trajectory1)。选择阶跃(Step)和设置(Setup)选项。可以看到 step size(步长)=1 000,dwell time(滞留时间)=1 000 ms,no. of repetitions(重复数)=1。如果不是,则改为上述数值以符合本章设置。退出对话框,进入指令(Command)菜单。这时,选择执行(Execute),并选中正常数据采样(Normal Data Sampling)和只执行轨迹 1(Execute Trajectory 1)复选框,运行轨迹。可以注意到轨迹步进 1 000 单位,停滞 1 s,然后又到阶跃。等待实时控制器将数据上传到 PC 机上运行的执行程序,进入绘图(Plotting)菜单选择绘图设置(Setup Plot)选项。选择编码器 2(Encoder 2)和指令位置 1(Commanded Position 1)绘制左侧坐标轴,控制效果 2(Control Effort 2)绘制右侧坐标轴,并选择"Plot Data"。应该观察轴 2(编码器 2)的阶跃响应曲线图形。

(9)频率响应。返回轨迹(Trajectory)菜单选择正弦扫描(Sine Sweep)选项。应该看到:amplitude =200 counts,max. freq. =10 Hz,min. freq. =1 Hz,sweep time=29.5 s,选中对数扫描(Logarithmic Sweep)。如果不同,将参数改为上述设置。退出对话框,进入指令(Command)菜单,选择执行(Execute)并选中正常数据采样(Normal Data Sampling)复选框和只运行轨迹1(Execute Trajectory 1 Only),运行(Run)这一轨迹。可以看到正弦运动以大约 30 s 的频率增加。进入"Plotting"菜单选择"Setup Plot"选项。可以看到在低频区有一个接近常值的振幅,紧接着是大约 4.5 Hz 的谐振并在高频区衰减。进入"Plotting"菜单选择"Setup Plot"选项,这次只选"Encoder 2"来绘制数据(可以浏览指令位置1(Commanded Position 1)数据)。选择水平和垂直轴线性时间和线性幅值缩放比例,选择消除直流偏置,绘制轴 2 的频率响应曲线。而后返回到 Setup Plot,并选择对数频率(Logarithmic Frequency)和 dB 轴缩放比例,消除直流偏置。绘制轴 2 的频率响应曲线。

线性时间/幅值表示法显示的数据更加直观地描述了所见到的系统的物理运动。从图中是否可以看到共振频率为ω_r,低频时幅值恒定,高频时以-40 dB/dec 衰减。

(10)跟踪控制。回到轨迹1(Trajectory 1),确认单向运动(Unidirectional moves)没有被选中,选择斜坡(Ramp)然后进入斜坡(Ramp)对话框进行设置(Setup),应看到距离(Distance)= 8 000 counts,Velocity(速度)= 4 000 counts/s,Dwell Time(停留时间)= 1 000 ms,重复次数(Number of Repetitions)=2。如果不是,输入这些值。退出对话框,进入指令(Command)菜单,再次选择执行(Run)并检查采样数据,运行轨迹,应看到先是 1/4 周的常速转动,停顿 1 s,反向运动到 1/4 周位置,然后又一个停顿,最后回到起点。

现在在左侧轴绘制指令位置 1 和编码器 4 位置,在右侧轴绘制编码器 2 的速度,即利用陀螺力矩效应的轴 4 的斜坡跟踪响应曲线。根据$T = \omega \times H$,编码器 2 速度作为控制效果的信号。其符号与框架组件的加速度方向(也就是与作用在刚体上的常规控制力矩方向)反向,这是由于方向矢量的定义和叉乘积的关系。

(11)利用反作用力矩效应进行运动控制。系统按照图 7.2 所示定向放置,打开轴 3 和轴 4 的制动器。通过点击背景屏上的按钮"轴 2V 制动器关(Axis 2V—Brake Off)"断开轴 2 的"虚拟制动"。现在,用尺子或类似物扰动内框架环。通过电机/编码器♯2 的紧调节回路应该产生有效锁定此轴的阻力。进入设置控制算法(Setup Control Algorithm)和加载控制器"Gimbal3. alg"。该算法通过电机♯1 施矩给转子并造成绕轴 3 的反作用力矩来控制绕水平框架环(轴 3)的运动。验证的$T_s = 0.008\,84$ s,并选择实现算法(Implement Algorithm)。断开轴 3 制动器。

用尺子或类似物体轻轻扰动水平放置的外圈,从而导致绕轴 3 的干扰。应该注意到转子旋转加速或减速随系统调节到维持轴 3 的位置。再次轻轻扰动外圈使转子转速回到接近于零。可以设置轨迹 2(Trajectory 2)使 step size(步长)=400 counts,Dwell Time(停留时间)=1 000 ms 和 Number of Repetition(重复次数)=1。要运行此轨迹,转到指令(Command)菜单。选择执行(Execute),并选择常规数据采集和只执行弹道 2,运行(Run)轨迹。指令位置 2 和编码器 3 位置数据的图形即为利用反作用力转矩效应的轴 3 的阶跃响应曲线。

接通轴 3 制动并在背景屏幕上选择中止控制(Abort Control)。注意:不要在系统反作用转矩模式运行期间离人。任何干扰(例如框架组件的微小的质量不平衡)可能导致增速(累积)超时,并导致过速情况发生。

(12)利用反作用和陀螺控制的多输入多输出控制。以上(1)～(9)用于充分验证该系统操作。这个步骤提供了一个有趣的两轴联动仿真控制演示。

系统按如图7.2所示的方位放置,确认轴3和第4制动是接通的,而轴2虚拟制动是断开(轴2的状态按钮应显示为"OFF"),返回轨迹1(Trajectory 1),确认单向运动(Unidirectional moves)未被选中,然后选择Ramp和Setup,进入Ramp对话框。改变距离的幅值=4 000 counts。然后验证其他参数如下:速度=4 000 counts/s,停留时间=1 000 ms和重复次数=2。选择确定退出。进入轨道2,确认单向运动未被选中。进入Ramp对话框,并确认距离=1 000 counts,速度=1 000 counts/s,停留时间=1 000 ms和重复次数=3。

在指令(Command)菜单下初始化转子转速(Initialize Rotor Speed)并设置为300 r/m。选择确定,并验证转子能转到这个速度。进入设置控制算法(Setup Control Algorithm)并加载"Gimbals3&4.alg"。验证T_s=0.008 84 s,并选择实现算法(Implement Algorithm)。断开轴3和轴4的制动器。用尺子或类似物体依次轻轻施加一个转矩给轴3和轴4。应看到转子增速(或减速)并且轴2如进行步骤(7)和步骤(9)的时候那样进动。不要让转子转速低于100 r/m。框架4的增益取决于转子转速,因此当飞轮转速太低,需要框架2附加运动。如果飞轮转速反向的话,闭环会变得不稳定。

进入指令(Command)菜单,并选择执行(Execute)。选择普通数据采集(Normal Data Sampling)和首先执行轨迹2(Execute Trajectory 2 first),然后执行带延迟的轨道1(then Trajectory 1 with delay):输入1 500 ms。在运行此动作前,用直尺或类似物体扰动系统,使内框架环垂直,转子速度大约是300 r/m。现在选择运行(Run)。应看到轴3和轴4的恒速机动运动控制系列演示。在左轴绘制指令位置1和编码器4位置,在右轴绘制指令位置3和编码器3位置。关闭控制箱的电源。

实验1　控制力矩陀螺系统惯量测量实验

一、实验目的

(1)系统辨识:本实验给出了用于辨识数字对象模型里所用到的几个转动惯量的步骤,进一步测试和验证对象输入输出增益对控制建模是非常必要的。

(2)用角动量守恒原理测量三个转动惯量,其余转动惯量提供给使用者。

(3)对转动惯量、传感器增益、控制效果增益加深认识。

二、仪器与设备

(1)ECP控制力矩陀螺系统。

(2)电源。

(3)计算机(128 MB以上内存的主机)。

三、实验要求

(1)了解控制力矩陀螺的分类及应用。

（2）了解 Model 750 控制力矩陀螺的结构组成及工作原理。

四、实验内容及步骤

1. 转动惯量(J_C)测试

（1）开 ECP 执行软件。选择中止控制按钮，禁用任何运行的 DSP 控制器。打开控制箱电源。用尺子或其他非尖锐物体轻推系统的各个部件，以确认不存在任何不稳定的控制条件，系统可安全操作。在此实验及所有后续实验中，当轴 3 和轴 4 制动时，不要移动它们。否则将导致制动器过早磨损。当转动设备时，应该在背景屏幕上看到编码器计数的变化（轴没有被锁定）。如图 7.7 所示。

（2）将机械装置设置成如图 7.8(a)所示。轴 3 和轴 4 的制动器是通过控制箱上的切换开关开启和关闭的。轴 2 的虚拟制动器是通过执行软件背景屏幕上的按钮控制的（制动器是通过一个固封在 DSP 板上的固件的简单线性控制回路闭合起作用的，电机 2 和编码器 2 作为该回路的传感器和执行器）。选择零位 Zero Position（指令（Command）菜单），将这些框架位置的增量式编码器的值置为零。

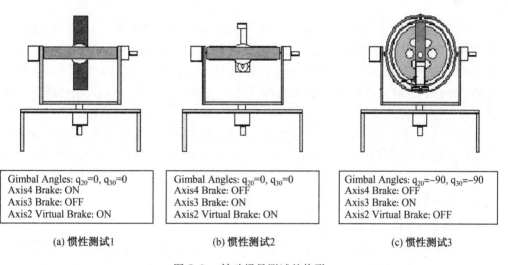

Gimbal Angles: $q_{20}=0$, $q_{30}=0$ Axis4 Brake: ON Axis3 Brake: OFF Axis2 Virtual Brake: ON	Gimbal Angles: $q_{20}=0$, $q_{30}=0$ Axis4 Brake: OFF Axis3 Brake: ON Axis2 Virtual Brake: ON	Gimbal Angles: $q_{20}=-90$, $q_{30}=-90$ Axis4 Brake: OFF Axis3 Brake: ON Axis2 Virtual Brake: OFF
(a) 惯性测试1	(b) 惯性测试2	(c) 惯性测试3

图 7.8　转动惯量测试的构形

（3）编写一个简单的实时算法，用一个等于(Command Position)/32 的控制作用启动电机 1（也就是把控制作用值赋予数模转换器（DAC））。使用全局实时变量 "control_effort1" 和 "cmd1_pos" 来完成（Command Position 值是通过设置轨迹（Setup Trajectory）随后输入到系统中）。在进行下一步前，指导老师或实验老师检查此算法。

（4）使用下列步骤实现该算法：

①通过设置（Setup）菜单进入设置控制算法（Setup Control Algorithm）。设置采样时期（Sample Period）为 $T_s=0.004\ 42$ s，并选择编辑算法（Edit Algorithm）。现在是在控制算法编辑器。如果编辑器中包含任何文本，就在文件（File）菜单下选择新建（New）。

②输入算法。选择另存为 Save As，然后选择一个适当的名称和保存该算法的目录。或选择保存更改并退出（Save Changes and Qui），或者点击右上角按钮，关闭编辑器。

③首次执行下一步时，不要碰仪器。选择可立即开始执行算法的实现算法（Implement

Algorithm)。如果一切正常,系统不应有运动。

注:因子"1/32"被认为是固件的增益,32乘以所有指令位置和编码器信号用以增加内分辨率。这些控制作用计数通过模数转换器(DAC)转换为电压,再通过伺服放大器转为电流,由电机转换为转矩,最终通过齿轮减速器转换为不同幅值的转矩。

在开始这一实验及后续实验之前,必须用尺子或其他非尖锐的物体按照实验注意事项中的第(7)项对系统进行安全检查。

(5)进入设置(Setup)菜单下的轨道1配置(Trajectory 1 Configuration)对话框,取消单向移动(Unidirectional Moves)(允许双向轨迹)。进入脉冲1(Impulse),并指定脉冲幅值(Amplitude)为 16 000 counts,脉冲宽度(Pulse Width)为 1 000 ms,停留时间(Dwell Time)为 0 ms,重复次数(repetitions)为 2(这意味着控制板上输入一个 16 000 count 的正脉冲紧接着一个 16 000 count 的负脉冲),选择 OK。然后进入数据采集设置(Setup Data Acquisition)(Setup 菜单下)。指定位置传感器 1 位置(Sensor 1 Position)、传感器 2 位置(Sensor 2 Position)、传感器 3 位置(Sensor 3 Position)、传感器 4(Sensor 4 Position)、控制效果 1(Control Effort 1)和控制效果 2(Control Effort 2),用作两个伺服回路采样周期内需要的数据。

(6)进入执行(Execute)(Command 菜单下),并验证该装置如图 7.8(a)中的构形。选择普通数据采集(Normal Data Sampling)和只执行轨道 1(Execute Trajectory 1 Only),然后运行(Run)。应该看到,当内部的组件(框架 B,C 和 D)绕轴 3 旋转时,转子转动升速,然后慢慢减速。转子的运动和内部组件的旋转是同一方向还是相反方向?一旦操纵机构的数据被上载,点击 OK。

(7)进入绘图设置(Setup Plot)(绘图菜单),并绘制编码器 1 速度(Encoder 1 Velocity)和编码器 3 速度(Encoder 3 Velocity)数据。应该看到编码器 1 速度近似线性增加 1 s,然后下一秒近似线性下降。编码器 3 速度也具有相应的特性。保存绘图(通过绘图(Plotting)菜单下保存绘图数据(Save Plot Data))。

2. 对象输入输出增益(K_A)测试

(1)如图 7.8(b)所示为设置机械装置。为了改善结果的质量,建议按下面步骤设置 U形框架相对基座的初始方位(也就是 q_4)。使用一个非常轻微的力旋转 U 形框架以便确定摩擦最小的位置(在某些位置可能存在制动器的一些残余摩擦)。虽然一般较小,但通过对 U 形框架施加一个非常小的初始速度,然后观察它是如何快速停下的,可以检测任何摩擦。U 形框架应该被定位在以逆时针方向运动的任何一个最小摩擦的区域(例如,逆时针方向运动时定位于恰好超出摩擦区域)。

(2)进入设置(Setup)菜单下轨迹 1 配置(Trajectory 1 Configuration)对话框,选择 Impulse,将脉冲宽度改变为 2 000 ms。其他所有参数与上述(5)设置相同。

(3)重复步骤(6)执行系统输入。应该看到转子旋转,其余部分绕基座旋转(编码器 4)。注意运动的性质。

(4)设置并绘制编码器 1 和 4 的速度数据,保存绘图。

3. 惯性试验 3(I_C)测试

(1)机械装置如图 7.8(c)所示安装,设置 U 形框架的位置。

（2）编辑算法，将"cmd1_pos"输到"control_effort2"（即将轨迹 1（Trajectory 1）输入 DAC2 以驱动电机 2）。选择保存更改并退出（Save Changes and Quit），退出编辑器。

（3）别碰装置，选择可立即开始执行的实现算法（Implement Algorithm）。如果一切正常，系统不应有运动。检查系统安全。

（4）前往轨道 1 配置（Trajectory 1 Configuration），选择脉冲（Impulse），将脉冲宽度改为 200 ms。其他参数与上述步骤（4）相同。

（5）重复步骤 1。

（6）执行对系统的输入。看到内环相对外环旋转，其余部分绕基座旋转（编码器 4）。内环可能机动端部接触到限位开关导致控制箱掉电，这是正常现象。如果它发生在一个令人满意的试验完成之前，只需重启功率控制箱即可。也有可能是在机动的初始位置（前 400 ms）就接触到限位开关。如果发生这种情况，在步骤（4）中减少脉冲宽度的持续时间（到 150 ms），并重复该过程的其余部分。

（7）记录编码器 2 和编码器 4 的速度数据，保存绘图。

4.控制效果增益测试

在以下测试中，两个对象输出的控制效果增益是由牛顿第二定律（取其旋转形式）和陀螺矢量积测试的。它们的关系有以下典型形式：

$$T = J\ddot{q} \tag{7.32}$$

$$T = \omega \times H \tag{7.33}$$

在式（7.32）中，T 是所施加的转矩；J 是绕平行于 T 的轴的转动惯量；$\ddot{q}$ 是 J 绕该轴的角加速度。在式（7.33）中，H 是刚体的动量；ω 是与向量 H 方向变化一致的角速度；T 是所施加的改变 H 方向所需的转矩。

（1）控制效果增益 1（k_{g1}）测试。

测量一个已知控制效果信号在一个正向或反向上使转盘所产生的加速度，并测量最终的加速度。由加速度和转子转动惯量值可以计算出所施加的转矩和控制效果增益。

①将机械结构的构形设置成如图 7.9（a）所示。

②编辑算法，将"cmd1_pos"输到"control_effort1"。选择保存更改并退出（Save Changes and Quit），退出编辑器。选择实现算法（Implement Algorithm）和检查安全系统。

③进入轨道 1 配置（Trajectory 1 Configuration），并确认未选中单向移动（Unidirectional Moves）。进入 Impulse，并指定振幅（Amplitude）为 16 000 counts，脉冲宽度（Pulse Width）为 4 000 ms，停留时间（Dwell Time）为 0 ms，重复次数（repetitions）为 2。

④执行正常数据采样输入（Normal Data Sampling），并选择只执行轨迹 1（Execute Trajectory 1 Only）。看到转子升速然后速度缓慢下降，并可能出现逆转。

⑤绘制编码器 1 的速度和控制效果 1 的数据，保存绘图。

（2）控制增益测试 2（k_{g2}）

在本测试中，测量使飞轮的动量矢量 H 以相同速率 ω 进动所需的转矩。

①将机械装置设置成如图 7.9（b）的构形。

②别碰机械装置，初始化转子转速（Initialize Rotor Speed）（指令（Command）菜单）为 400 r/m。转子一旦达到 400 r/m，这在背景屏幕上可以看到，安全检查系统。

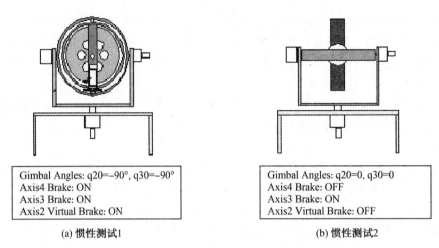

Gimbal Angles: q20=-90°, q30=-90°
Axis4 Brake: ON
Axis3 Brake: ON
Axis2 Virtual Brake: ON

(a) 惯性测试1

Gimbal Angles: q20=0, q30=0
Axis4 Brake: OFF
Axis3 Brake: ON
Axis2 Virtual Brake: OFF

(b) 惯性测试2

图 7.9　控制效果增益测试的构形

③用手指轻压内环的上边缘。注意框架绕轴 4(底座的垂直轴)会怎样运动? 这是一个神奇的陀螺进动现象。现在在相反方向施加轻的压力,又会怎样? 对于手指所施加压力,绕轴 4 的运动是保持恒速度还是加速?

④现在用手指对编码器 3 的一侧施加一个压力使框架绕轴 4 旋转。内框相对轴 2 会怎样运动? 不要超过 $q_2 = \pm 60°$,如果由于 q_2 的过度移动导致限位开关接触,重复步骤①~③。将内框转到大约垂直的位置($q_2 = 0$)。

⑤这次,在施加一个足够力给内环(在步骤(8)中用到的位置)使其保持近似垂直($q_2 = 0$)时,让下一位同学对编码器施加一个轻微的压力,使绕轴 4 有一个微小的转动。绕轴 4 的角速率变化还要保持飞轮垂直需要多大的力(绕轴 2 的转矩)? 可以和下一位同学交换位置,以使每次实验测试所施加力的特点。将内环转回到一个近似垂直的位置($q_2 = 0$)。

⑥在设置控制算法(Setup Control Algorithm)对话框,将采样周期更改 $T_s = 0.008\ 84\ s$。确认机械装置如图 7.9(b)所示的构形。找到并实现算法系统所给出的"axis2lock. alg"。这个简单的程序调节轴 2 的位置,保持到大致当前位置。需要测试做以下实验所需的控制效果。检查控制器安全。

⑦慢慢地绕垂直轴旋转框架,并注意所显示的控制效果 2 的值。不要以一个使控制效果 2 超过 $\pm 5\ V$ 的过高转速旋转框架。

⑧将脉冲幅度改为零,其他的如控制效果增益 1 中的步骤③中所指定(在"执行 Execute"周期内同时保持零值参考输入,允许系统收集数据)。

⑨实践下列程序:以一个使控制效果约为 4~5 V 的速率绕垂直轴缓慢转动框架;然后让框架自由旋转,等待一两秒,反方向旋转,达到一个 4~5 V 的控制效果,然后再次让其自由旋转。目标是测量在自由旋转期间电机 2 所需的控制效果。一旦达到,准备由步骤⑨执行脉冲(Impulse)机动。选择运行(Run),然后执行此步骤。

⑩绘制编码器 4 的速度(Encoder 4 Velocity)和控制效果 2(Control Effort 2)的数据。验证控制效果 2 在曲线的一部分至少有一些值在 4~5 V 的范围内(速度数据在此期间应相对平坦)。如果不是,请重复步骤(14)。保存最终的绘图。

5. 反馈传感器(编码器)增益测试

在这些测试中,我们测量传感器增益,即传感器输出信号随每单位物理位置的变化。对于 M750 系统,传感器是所有光学编码器,其输出为 counts。

（1）接通控制箱和选择在背景屏上的中止按钮（Abort Control）。关闭轴 2 的虚拟制动、轴 3 和轴 4 的制动。

（2）选择轴 4 的起始位置。可以使用一块胶纸带或非永久性标志尽可能精确地标记此位置。选择零位（Zero Position）（指令（Command）菜单）,将增量式编码器值在当前位置置为零。将 U 形框架（轴 4）精确旋转 1 圈,并记录编码器值的变化见表 7.2。

表 7.2　编码器增益测量

次数 Axis Number(Encoder Number)	输出 Output / Rev. (counts/rev)	增益 Gain, k_{ei}(counts/rad)
1	6 667	1 061×32
2		
3		
4		

（3）对轴 3,然后对轴 2,重复步骤（2）。对于轴 2,框架 B 只能旋转半圈（限位开关限制将运动限制在大约±120°）。因为旋转转子不可接近,所以给出编码器 1 的增益。

（4）为了增加数值精度,控制器固件内部将编码器和指令位置信号乘以 32。"encoderi_pos"和"cmdj_pos"（$i=1,2,3,4$; $j=1,2$）变量在实时算法中处理时会乘这个因子。因此,必须把测试到的编码器的值乘以 32,使它们能正确标度。

五、实验报告

（1）在惯性测试中,在每种情况下,当绕某轴自由旋转组合框架时,两个框架间存在一个所施加的转矩。这两个框架是向相同方向还是向相反方向运动? 惯量大的刚体相比惯量小的刚体,其角速度大是大还是小?

利用角动量守恒原理来给出答案。也就是说,在没有外力矩的作用下,一个由两个物体组成的系统限于绕单轴运动,即

$$J_1\omega_1 + J_2\omega_2 = C \tag{7.34}$$

式中,J_i 和 ω_i 是分别为物体的转动惯量和转速;C 是一个常值。

（2）表 7.3 给出了 A 到 D 的转动惯量,利用角动量守恒原理和测试结果完成 J_C,K_A 和 I_C 的表格。

表 7.3　转动惯量数据

框架	惯量	测量值/(kg·m²)
A	K_A	—
B	I_B	0.011 9
	J_B	0.017 8
	K_B	0.029 7

续表 7.3

框架	惯量	测量值/(kg·m²)
C	I_C	—
	J_C	—
	K_C	0.018 8
D	I_D	0.014 8
	J_D	0.027 3

（3）$\Omega = 400$ r/m，使用本章的结果去生成"特殊情况"下的数学模型，将结果表示成状态空间形式和传递函数形式。对于特殊情况 2，包括 4 阶和 3 阶（最小的）状态空间实现。

（4）生成一个在以下工作点附近线性化的系统数值模型：

$$\omega_1 = 400 \text{ r/m}$$

$$q_{20} = 20°$$

$$q_{30} = -20°$$

将结果表示成状态空间形式。

六、实验注意事项

（1）实验前检查线路是否连接正确。

（2）电机驱动电源没断开的情况下，保证头部和脸部远离机械设备。当穿着宽松的衣服或者头发散开时，要远离正在运转的机器。当控制器运转时，应避免用手接触机械设备。

（3）不要在控制箱电源线拔掉和计算机关机或者断电之前将控制箱的外壳卸掉或者将手伸进控制箱的内部（先按下前板上的"关闭"按钮）。

（4）与正在运行的设备保持一定的距离可以有效地减少受伤的危险。机器停止运转并不能保证触碰机器的安全的。在某些情况，一些不稳定的控制器可能已经运行但是系统仍然保持静止直到受到外界的干扰，此时机器可能发生剧烈的反应。

（5）在发生紧急事件时，必须立即按下控制箱前面的红色"关闭"按钮停止操作。在进程中的任意一点，如装置或控制器安全受限，系统状态显示 Limit Exceeded，必须选择复位控制器然后重新进行原来的步骤。

（6）为了消除危险事件的风险，用户应该总是在接触机器设备之前进行安全检查控制器。

实验 2　控制力矩陀螺章动和进动实验

一、实验目的

（1）测试陀螺的章动。

（2）测试陀螺的进动。

二、仪器与设备

(1)ECP 控制力矩陀螺系统。

(2)电源。

(3)计算机(128 MB 以上内存的主机)。

三、实验预习要求

(1)了解控制力矩陀螺的分类及应用。

(2)了解 Model 750 控制力矩陀螺的结构组成及工作原理。

四、实验内容及步骤

(1)打开计算机,运行 ECP 执行软件程序。

(2)打开实验控制箱,选择中止控制(Abort Control)按钮,禁止当前的控制器,打开控制箱电源。用尺子或其他非尖锐物体轻推系统的各个部件,以确认不存在任何不稳定的控制条件,系统可安全操作。在此实验及所有后续实验中,当轴 3 和轴 4 制动时,不要移动它们。否则将导致制动器过早磨损。转动设备时,应该在背景屏幕上看到编码器计数的变化。

(3)将实验仪器按如图 7.10 所示的构形配置。保留控制箱制动器 3 接通,关闭制动器 4。

轴 3 和轴 4 的制动器是通过控制箱上的切换开关开启和关闭的。轴 2 的虚拟制动器是通过执行软件背景屏幕上的按钮控制的(制动器是通过一个固封在 DSP 板上的固件的简单线性控制回路闭合起作用的,电机 2 和编码器 2 作为该回路的传感器和执行器)。

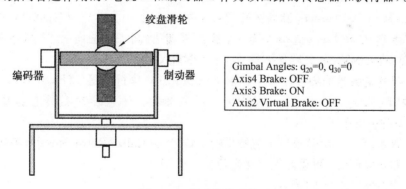

图 7.10　测试的物理模型

(4)打开软件,点击"Utility/Reset Controller"复位 DSP,如果清零不完全,可点击"Utility/Zero Position"(指令(Command)菜单)清零,将这些框架位置的增量式编码器的值置为零。

(5)在指令(Command)菜单下初始化转子转速(Initialize Rotor Speed),确认输入为200 r/m。

(6)看命令菜单下初始化转子转速是否为 200 r/m,如果不是此数值,点击 OK。会发现转子转速最高达 200 r/m。

(7)点击"File/Load settings/default"打开加载配置文件,写一个简单的实时算法用一个等于(指令位置 Commanded Position)/32 的控制效果(Control Effort)来激活电机 2(把控制效果的值放于 DAC 即可)。为此使用全局实时变量"control_effort2"和"cmd1_pos"。

(8)进行控制算法下载、编辑,执行控制算法等步骤。

加载算法:"点击 Setup/Control Algorithm/Load from disk/Q2_kv_PD"

下载算法:点击"Implement Algorithm",将算法下载到 DSP,点击 OK 即可。

执行算法:点击"Command/Execute/Run",注意执行算法要在转子转速稳定在 200 r/m 后执行。

(9)观察背景屏幕上编码器 1 的速度,一旦转子转速达到稳定速度,用一把尺子轻按压内框架表面,就会产生绕轴 2 的转矩。观察编码器 1 测得的速度变化。观察轴 4(垂直轴)以角速度 ω 进动,作为对你所施加的转矩 $T(T=\omega\times H)$ 的响应。根据陀螺叉乘积 $T=\omega\times H$,这里,H 是与旋转转子有关的动量矢量。注意:不要长时间对轴 2 施加压力且使其不超过 45°。因为 90°时,系统将产生奇点,此时对力矩输入不产生陀螺阻力。

(10)现在用一把尺子或类似物件对编码器 3 施加一个轻微的压力,因此产生一个绕轴 4 的力矩,注意不要使轴 2 偏离其初始位置超过 45°。可以再次看到转子绕轴 2 进动,再次绕轴 4 施加压力使轴 2 回到其初始位置。

(11)设置数据采集(Setup Data Acquisition)(设置菜单)。指定指令位置 1(Commanded Position 1)、传感器 2 位置(Sensor 2 Position),传感器 4 位置(Sensor 4 Position)和控制效果 2(Control Effort 2),数据在四个伺服循环的采样周期内要获取。

绘制编码器 2 和 4 的位置数据以及随后的速度数据。请注意对比编码器 4 和编码器 2 响应的振荡频率、相对幅值与相位。

(12)进入轨道 1 配置(Trajectory 1 Configuration)。输入脉冲(Impulse),并指定幅值(Amplitude)为 16 000 counts,脉冲宽度(Pulse Width)为 50 ms,停留时间(Dwell Time)为 4 000 ms,重复次数(repetition)为 1(数据采集期间,预先向控制器板输入一个 16 000 counts 的正向脉冲,之后紧接着是 4 s 的零输入)。

(13)选择普通数据采集(Normal Data Sampling)并执行轨迹 1(Execute Trajectory 1 Only),点击"Plotting/Setup plot/Plot Data"绘制图形。注意绘制图形之前要按"Abort Control"终止前面操作。

(14)在指令(Command)菜单下初始化转子转速(Initialize Rotor Speed),确认输入分别为 400 r/m 和 800 r/m。再重新做上述实验。

陀螺进动轨迹如图 7.11 所示。

(15)在指令(Command)菜单下初始化转子转速(Initialize Rotor Speed),确认输入为 200 r/m。

(16)看命令菜单下初始化转子转速是否为 200 r/m,如果不是此数值,点击 OK。会发现转子转速最高达 200 r/m。

(17)点击"File/Load settings/default"打开加载配置文件,写一个简单的实时算法用一个等于(指令位置 Commanded Position)/32 的控制效果(Control Effort)来激活电机 2(把控制效果的值放于 DAC 即可)。为此使用全局实时变量"control_effort2"和"cmd1_pos"。

(18)进行控制算法下载、编辑,执行控制算法等步骤。

加载算法:"点击 Setup/Control Algorithm/Load from disk/Q2_kv_PD"

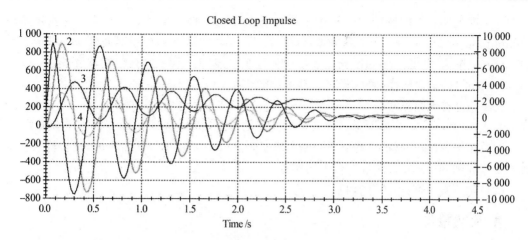

图 7.11　陀螺进动(陀螺转速＝200 r/m)

1—轴线 2 速率;　　2—轴线 2 位置;　　3—轴线 4 位置;　　4—轴线 4 速率

下载算法:点击"Implement Algorithm",将算法下载到 DSP,点击 OK 即可。

执行算法:点击"Command/Execute/Run",注意执行算法要在转子转速稳定在 200 r/m后执行。

(19)现在在内框架表面同一位置施加一个轻微但迅速的冲击力,然后立刻移走(试图施加一个小脉冲)。我们可以看到在轴 2 和轴 4 上有一个轻微衰减的震动,并且轴 2 和轴 4 彼此以相差 90°的相位运动,这种振荡模式被称为章动。

陀螺章动轨迹如图 7.12 所示。

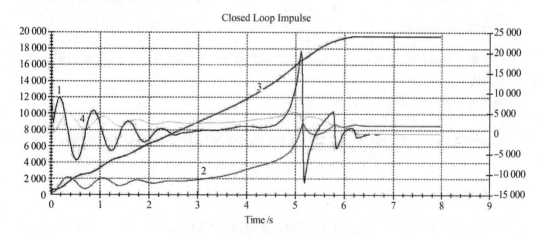

图 7.12　陀螺章动(陀螺转速＝400 r/m)

1—轴线 2 速率;　　2—轴线 2 位置;　　3—轴线 4 位置;　　4—轴线 4 速率

(20)当章动得到很好的衰减时,保存数据。

设置数据采集(Setup Data Acquisition)(设置菜单)。指定指令位置 1(Commanded Position 1)、传感器 2 位置(Sensor 2 Position),传感器 4 位置(Sensor 4 Position)和控制效果 2(Control Effort 2),数据在四个伺服循环的采样周期内要获取。

绘制编码器 2 和 4 的位置数据以及随后的速度数据。请注意对比编码器 4 和编码器 2 响应的振荡频率、相对幅值与相位。

(21)进入轨道 1 配置(Trajectory 1 Configuration)。输入脉冲(Impulse),并指定幅值(Amplitude)为 16 000 counts,脉冲宽度(Pulse Width)为 50 ms,停留时间(Dwell Time)为 4 000 ms,重复次数(repetition)为 1(数据采集期间,预先向控制器板输入一个 16 000 counts 的正向脉冲,之后紧接着是 4 s 的零输入)。

(22)选择普通数据采集(Normal Data Sampling)并执行轨迹 1(Execute Trajectory 1 Only),点击"Plotting"绘制图形。注意绘制图形之前要按"Abort Control"终止前面操作。

(23)在指令(Command)菜单下初始化转子转速(Initialize Rotor Speed),确认输入分别为 400 r/m 和 800 r/m。再重新做上述实验。

(24)先关实验箱,后关计算机。

五、实验报告

(1)分别给出电机转速在 200 r/m,400 r/m 和 800 r/m 时,由脉冲输入激励产生的章动模式典型图。

(2)分别给出电机转速在 200 r/m,400 r/m 和 800 r/m 时,进动测试典型图。

(3)确定转子每个被测试转速的进动速率(ω_4 的稳态值)(可以考虑位置的变化 q_4 除以所用时间,这将比直接读取速度数据更加精确)。这一值与通过陀螺公式 $T = \omega \times H$ 预测的值比较会是怎样?(在这种情况是 $T = u_2 k_{u2}$)。转子转速和进动速率的关系是什么?

(4)考虑章动测试实验中数据的位置图和速度图。对于一个给定的测试,振荡频率是相同的吗?编码器 2 和 4 的输出的相对幅值是一样的吗?稳态值相同吗?转子转速和章动振型之间有什么样的关系?

六、实验注意事项

(1)对轴 2 施加的压力不要大于 45°。当达到 90°时,系统将产生奇点,此时对力矩输入不产生阻力。

(2)飞轮转速不能超过 800 r/m。

实验 3　　陀螺力矩三种控制律的设计与比较实验

一、实验目的

(1)分别采用 PID、极点配置、LQR 三种控制方法,使用陀螺力矩效应对绕轴 4 转动的外框架 A 进行连续闭环运动控制设计与比较分析。

(2)使学生更好地了解系统调试的相关技术,掌握先进的控制算法及控制手段。

(3)通过学生实际操控控制器,观察实验现象,绘制各种轨迹数据图,实现控制力矩陀螺内框架驱动控制。

二、仪器与设备

(1) ECP 控制力矩陀螺系统。

(2) 电源。

(3) 计算机(128 MB 以上内存的主机)。

三、实验原理

在控制力矩陀螺系统中,由于对框架 A 不施加主动转矩,因此需要利用陀螺的进动性原理产生转矩使框架 A 旋转,即通过电机♯1 控制转子转速恒定,再通过电机♯2 转动框架 C 产生陀螺力矩驱动框架 A 绕轴 4 旋转。

按照上述特殊情况 2 的结论,当框架 3 锁定($\omega_3=0$)的时候,系统仅受到陀螺力矩的作用。对轴 2 电机施加力矩来控制轴 4 位置 q_4,即利用陀螺力矩来驱动 q_4。

$$D(s)=(I_C+I_D)(I_D+K_A+K_B+K_C)s^3+\Omega^2 J_D^2 s$$

$$N_2=k_{e2}k_{m2}(I_D+K_A+K_B+K_C)s$$

$$N_4=-k_{e4}k_{m2}\Omega J_D$$

令 $\Omega=400$ r/s,代入系统参数得

$$
\begin{bmatrix} \dot{q}_4 \\ \dot{\omega}_2 \\ \dot{\omega}_4 \end{bmatrix} =
\begin{bmatrix} 0 & 0 & 1 \\ 0 & 0 & 72.68 \\ 0 & -5.630 & 0 \end{bmatrix}
\begin{bmatrix} q_4 \\ \omega_2 \\ \omega_4 \end{bmatrix} +
\begin{bmatrix} 0 \\ 470.7 \\ 0 \end{bmatrix} T_2
\tag{7.35}
$$

对于单输入多输出(SIMO)系统,采用连续闭环控制,控制系统图如图 7.13 所示。

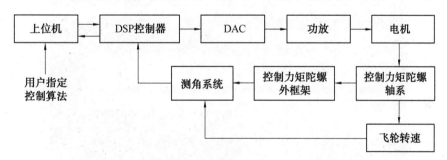

图 7.13　控制力矩陀螺外框架驱动控制系统图

首先形成一个 ω_2 的速度反馈闭环用于抑制章动模态。然后对于"新的对象" $N_4/D^*(s)$ 形成一个外环闭环以控制 q_4(外环)。控制方案的方块图示如图 7.14 所示。

经过参数计算得

$$\frac{q_4(s)}{T_2(s)}=\frac{2650}{s^3+409.2s} \tag{7.36}$$

$$\frac{q_2(s)}{T_2(s)}=\frac{-470.7}{s^2+409.2} \tag{7.37}$$

四、实验要求

(1)以 EPC 控制力矩陀螺为控制对象,分别采用 PID、极点配置、LQR 全状态反馈线性二次型调节器三种控制方法设计控制器,对系统轴 4 进行控制,并对控制结果进行比较分析。

(2)对系统输入一个振幅为 500,持续时间为 1 000 ms,重复次数为 1 的阶跃输入。控

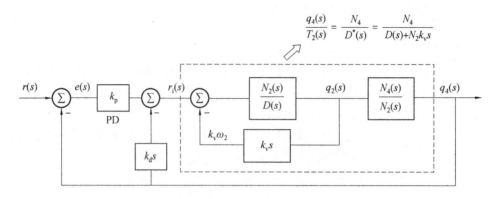

$$\frac{q_4(s)}{T_2(s)} = \frac{N_4}{D^*(s)} = \frac{N_4}{D(s)+N_2k_vs}$$

图 7.14　连续闭环控制方案

制性能指标要求为：系统超调量≤10％，上升时间≤150 ms。

五、实验内容及步骤

（1）进行系统可控性分析。

系统是可控的吗？如果是，请对系统进行控制器设计，使系统稳定。

（2）打开计算机，运行 ECP 执行软件程序。

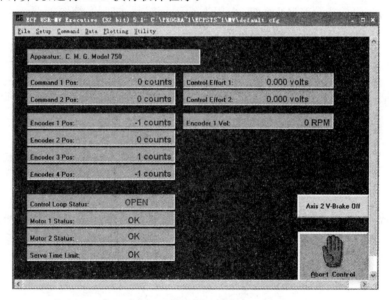

图 7.15　ECP 软件背景屏幕

　　（3）打开实验控制箱，选择中止控制（Abort Control）按钮，禁止当前的控制器，打开控制箱电源。用尺子或其他非尖锐物体轻推系统的各个部件，以确认不存在任何不稳定的控制条件，系统可安全操作。轴 3 和轴 4 的制动器是通过控制箱上的切换开关开启和关闭的。在此实验及所有后续实验中，当轴 3 和轴 4 制动时，不要移动它们。否则将导致制动器过早磨损。当转动设备时，应该在背景屏幕上看到编码器计数的变化。

　　（4）将实验仪器按本节实验构形配置。保留控制箱制动器 3 接通，关闭制动器 4。

　　本节实验中所有测试都以机械装置如图 7.16 所示的构形的系统实现的。操作过程中请务必遵循实验安全注意事项。

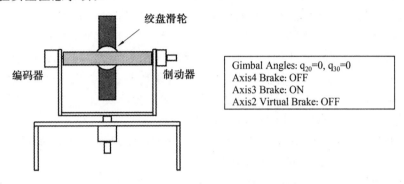

图 7.16　轴 4 的控制仪器构形

（5）打开软件，点击"Utility/Reset Controller"复位 DSP，如果清零不完全，可点击"Utility/Zero Position"（指令（Command）菜单）清零，将这些框架位置的增量式编码器的值置为零。

（6）在指令（Command）菜单下初始化转子转速（Initialize Rotor Speed），确认输入为 400 r/m。

（7）看命令菜单下初始化转子转速是否为 400 r/m，如果不是此数值，点击 OK。会发现转子转速最高达 400 r/m。

1. 采用 PD 算法设计控制器

（1）确定阻尼情况：因为 $K_v \geqslant 0.1$ 时会导致数字噪声，所以选取参数 $K_v = 0.08$，提供一个接近于临界阻尼的环境。

对于以下四个增益比：$k_d = 0.01k_p$，$k_d = 0.02k_p$，$k_d = 0.05k_p$ 和 $k_d = 0.1k_p$ 生成带有内闭环的外环的根轨迹图（提示：由于 N_4 是负的，需要使外环控制增益也是负值）。作根轨迹图分析，选择 k_d，k_p 寻求最佳复根。从图中选择一个 k_p 值和一个相关的 k_d，使之满足下列条件：

①所有根都在左半平面；

②所有根的模 $\geqslant 1$ Hz 且 $\leqslant 2$ Hz；

③任何复根的实部比虚部的幅值大两倍以上。

（2）选择 $T_s = 0.008\ 84$ s。确认 $k_{dp} \leqslant 6.0$ 和 $k_d \leqslant 0.4$。点击"File/Load settings/default"打开加载配置文件，写一个采用 PD 算法设计控制器的简单的实时算法 Q4_kv_PD.alg，用一个等于（指令位置 Commaned Position）/32 的控制效果（Control Effort）来激活电机 2（把控制效果的值放于 DAC 即可）。使用"cmd1_pos"作为参考输入，即使用全局实时变量"control_effort2"和"cmd1_pos"。让导师或实验室指导教师浏览并认可程序，然后再继续进行控制算法下载、编辑，执行控制算法等步骤。

选取不同的 PD 参数，输出阶跃响应曲线。分析阶跃响应曲线，看是否满足设计指标要求。当参数选择为 Sept(500)：$k_p = 6.0$，$k_d = 0.3$，$k_v = 0.09$ 时，轴 4 输出阶跃响应曲线图是怎样的，系统阶跃响应是否理想，是否具有较小的超调和较短的过渡过程时间？系统的跟踪性能怎样，响应是否迅速？调整控制参数，看轴 4 输出响应曲线图是怎样的，并进行分析。

（3）实现算法（Implement Algorithm），确认采样期间为 0.008 84 s。

进入设置控制算法(Setup Control Algorithm),加载控制器"Gimbal4. alg"。该算法通过电机 2 衰减章动、操纵转子动量向量来控制垂直轴(轴 4)的运动。

在用直尺轻微拨动框架检查系统安全性之后,用直尺或类似物体轻轻绕轴 4 扰动系统(可扰动编码器 3,从而造成绕轴 4 的干扰),使飞轮在任何测试前始终处于铅垂方位。将再次看到轴 2 进动,现在控制器正调节轴 4 的位置使其不变。如果是这样,已成功使用陀螺力矩实施闭环控制。如果不是,检查算法,重复上述步骤。

用足够大的力使轴 2 回到其原来的位置。

在本实验中的下面步骤中,当一个控制器被执行的时候,应该遵循下步骤:①接通轴 3 制动;②执行控制器;③断开轴 3 制动。

(4)设置数据采集(Setup Data Acquisition)。指定指令位置 1(Commanded Position 1)、编码器四位置(Sensor 4 Position)和控制效果 2(Control Effort 2),数据在四个伺服循环的采样周期内要获取。

进入轨道 1 配置(Setup Trajectory 1)。选择阶跃 Step)输入并设置(Setup)。指定幅值为 500 counts,step size(步长)=1 000,dwell time(停留时间)=1 000 ms,no. of repetitions(重复次数)=1。如果不是,请输入这些值。退出,转到指令(Command)菜单,并选择执行(Execute)。选择标准数据采集(Normal Data Sampling)和只执行轨道 1(Execute Trajectory 1 Only),"运行(Run)"轨道。

执行此轨迹,绘制指令位置 1、控制效果 2 和编码器 4 位置曲线。可以注意到在每个阶跃开始和结束处看到转子组件绕轴 4 部件的一个突然阶跃响应和绕轴 2 内框架的相应旋转。

以停留时间 1 000 ms 再次运行此机动,绘制编码器 2 位置数据。注意振荡频率。降低振幅到 200 counts,重复上面的步骤。

(5)调整增益,使上升时间<150 ms,超调<10%。确认 $k_{dp} \leqslant 6.0$ 和 $k_d \leqslant 0.4$,逐个实验的增益变化不要大于 25%。保存最后符合要求的阶跃响应曲线图。现在在左侧轴绘出指令位置 1 和编码器 4 的位置,在右侧轴绘出编码器 2 的位置,即利用陀螺力矩效应的轴 4 的阶跃响应曲线。

2.采用极点配置法设计控制器

用一个单闭环控制框架绕轴 4 的运动。采用经典极点配置法设计控制器。控制方案的框图如图 7.17 所示。

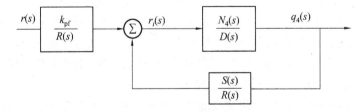

图 7.17　极点配置控制方案

其中 $N_4 = -k_{e4} k_{u2} \Omega J_D$,$D(s) = (I_C + I_D)(I_D + K_A + K_B + K_C)s^3 + \Omega^2 J_D^2 s$。

本方法中,要找到控制器 $S(s)/R(s)$,它将产生于指定的一组闭环极点。闭环分母的形式为

$$D_d(s) = D(s)R(s) + N_4 S(s) \tag{7.38}$$

还可以表示为

$$D_d(s) = (d_3 s^3 + d_2 s^2 + d_1 s + d_0)(r_2 s^2 + r_1 s + r_0) + (n_0)(s_2 s^2 + s_1 s + s_0) \tag{7.39}$$

其中,d_i 和 n_0 分别是 $D(s)$ 和 N_4 的系数,其值由数值模型得到。

由线性系统理论,对于互质的 $N^*(s)$,$D^*(s)$,存在 $n-l$ 阶 $S(s)$,$R(s)$,形成一个任意 $(2n-1)$ 阶的 $D_d(s)$,n 是 $D^*(s)$ 的阶数。

这里,应当设计一个有如下形式分母的闭环系统:

$$\begin{aligned}
D_d(s) = &(s + 10\pi(\sin(0.1\pi) + j\cos(0.1\pi))) \\
&(s + 10\pi(\sin(0.1\pi) - j\cos(0.1\pi))) - \\
&(s + 10\pi(\sin(0.3\pi) + j\cos(0.3\pi)))(s + 10\pi(\sin(0.3\pi) - \\
&j\cos(0.3\pi)))(s + 10\pi)
\end{aligned} \tag{7.40}$$

也就是,闭环极点在 5 Hz 有一个 5 阶 Butterworth 分布。

(1)由性能指标要求,控制器传递函数可取为 $\dfrac{S(s)}{R(s)} = \dfrac{-45.75 s^2 - 456.6s - 1.159}{s^2 + 101.7s + 4\ 759}$。

(2)计算标量滤波器的增益 k_{pf}。目标是让所标度的输出 q_4 等于输入 $r(s)$。提示:考虑静态平衡系统。设置 $q_4 = 1$ 和 $r = 1$,使用控制框图中唯一的常数项求解 k_{pf}。

(3)利用步骤(1)和(2)的结果,写一个适合的实时算法实现图 7.17 所示的控制方案。让导师或实验室指导教师浏览并认可程序,然后再继续。

(4)按图 7.16 设置仪器,初始化转子转速为 400 r/m。

(5)由步骤(3)实现算法,确认采样期间为 0.004 42 s。系统安全检查后,用直尺或类似物体绕轴 4 扰动系统。应该注意到,陀螺绕轴 2 旋转以调节轴 4 的框架。如果不是,检查算法,并重复上述步骤。

在下面的所有测试中,用直尺或类似物件绕轴 4 扰动框架,使飞轮在任何测试前始终处于铅垂方位。

(6)设置采集指令位置 1、控制效果 2、编码器 2 位置和编码器 4 位置的数据。

设置轨道 1 如下:阶跃输入,幅值为 500 counts,停留时间为 1 000 ms,重复次数为 1,采样周期为 0.004 42 s。执行此轨迹,绘制指令位置 1 和编码器 4 位置的数据。可以注意到,转子组件绕轴 2 振荡。停留时间 2 000 ms,再次运行此机动,绘制编码器 2 位置数据。注意振荡频率,保存阶跃响应曲线绘图。注:点击"Plotting/Setup;Plot/Plot;Data"绘制图形。

调试中,在加载输入信号前,转子要保持铅直位置,否则对实验结果有影响。

3. 采用线性二次型调节器(LQR)设计控制器

设计一个线性二次型调节器(LQR)使用全状态反馈控制框架绕轴 4 的运动。控制方案框图如图 7.18 所示。

为了综合成一个唯一解,没有不可观和不可控的状态,对象模型必须是最小的。在本情况下,模型是 3 阶的,因此三个状态被选择。该系统的运动方程涉及绕轴 2 和轴 4 位置的时间导数。由于控制绕轴 4 的运动,选择两个状态:q_4 和 ω_4。此外,由于系统是通过轴 2 的速率驱动的,选择 ω_2 作为第三个状态。状态和输出向量则变成

$$\boldsymbol{X} = \begin{bmatrix} q_4 \\ \omega_2 \\ \omega_4 \end{bmatrix}, \quad \boldsymbol{C} = \begin{bmatrix} 1 & 0 & 0 \end{bmatrix} \tag{7.41}$$

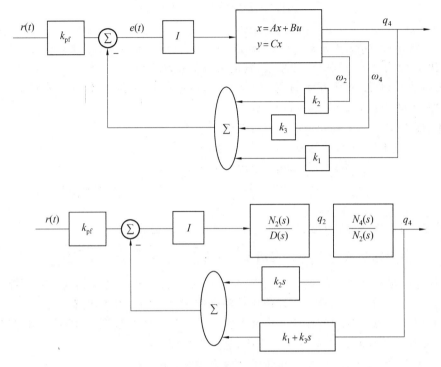

图 7.18　LQR 控制方案

其中,控制的目的是调节轴 4 的位置,为综合控制,C 中只包含一个状态。

LQ 反馈控制律为

$$u = -Kx \tag{7.42}$$

其中

$$K = \begin{bmatrix} k_1 & k_2 & k_3 \end{bmatrix} \tag{7.43}$$

通过 Riccati 方程解或数值综合算法,执行 LQR 综合,搜寻使价值函数最小化的控制器 K(标量控制效果):

$$J = \int (x^{\mathrm{T}} Q x + u^{\mathrm{T}} r u) \mathrm{d} t \tag{7.44}$$

在本综合中,选择 $Q = C^{\mathrm{T}} C$ 使预期输出 q_4 的误差是控制效果成本的最小化目标。对控制效果权值:$r = 100, 10, 1.0$ 和 0.01,执行综合。计算每种情况下的闭环极点作为 $[A - BK]$ 的特征值。

(1)锁定轴 3,采用 LQR 控制律,研究在陀螺力矩作用下轴 4 的输出响应,采用状态方程的系统模型,设计 LQR 状态反馈控制器,分别得到在阶跃输入信号作用下系统的输出响应。

(2)选取不同的参数,输出阶跃响应曲线。分析响应曲线,看是否满足设计指标要求。

(3)当参数选择为 $k_1 = -5, k_2 = 0.072, k_3 = -0.21$ 时,轴 4 输出阶跃响应曲线图是怎样的,从图中可以看出,系统阶跃响应是否理想,是否具有较小的超调和较短的过渡过程时间。调整控制参数,看轴 4 输出响应曲线图是怎样的,并进行分析。

(4)当参数选择为 $k_p = 6.0, k_d = 0.3, k_v = 0.09$ 时,轴 4 输出斜坡响应曲线图是怎样的,从图中可以看出,系统响应是否理想,是否具有较小的超调和较短的过渡过程时间,系统的跟踪性能怎样,响应是否迅速。

(5)当参数选择为 $k_p=6.0, k_d=0.3, k_v=0.09$ 时,轴 4 输出正弦响应曲线图是怎样的,从图中可以看出,系统响应是否理想,是否具有较小的超调和较短的过渡过程时间,系统的跟踪性能怎样,响应是否迅速。

增大控制器放大系数,会减小过渡过程时间,但增加系统的超调量,增大微分系数,可以有效增加系统的阻尼,降低系统超调。

(6)参数设计。

反馈控制律 $u=-Kx$,其中:$K=\begin{bmatrix} k_1 & k_2 & k_3 \end{bmatrix}$。通过 Ricccati 方程寻找使价值函数最小的控制器 K,求得 $K=\begin{bmatrix} -4.5 & 0.072 & -0.22 \end{bmatrix}$。令输出等于输入求得 $k_{pf}=-4.5$。

(7)编写程序。

由这些数据,选择一个控制效果权值把最低的极点频率置于 2.25~2.75 Hz 之间。使用上述所得的一个 K 值,如果它符合这一条件,或者在适当的 r 值间进行插值,并执行最后一次综合迭代。不要让 k_1 值大于 6,或 k_2 值大于 0.08,或 k_3 值大于 0.25。计算标量滤波器增益 k_{pf},目的是让输出 $q_4(s)$ 数值上等于输入 $r(s)$。

利用由步骤(1),(2)和(3)所得结果,写一个实现图 7.18 所示控制方案的适合的实时算法。使用 $T_s=0.008\ 84\ s$,让导师或实验指导教师检查并认可程序,然后再继续。

(8)如图 7.16 设置仪器,并初始化转子转速为 400 r/m。取 $r=0.05$。

由步骤(3)执行算法,确认采样周期为 0.008 84 s。对系统进行安全检查,并验证它是绕轴 4 调节的。如果不对,检查算法,并重复上述步骤。

下面的所有示例中,用直尺或类似物体绕轴 4 扰动框架,使飞轮在执行任何机动之前始终保持铅垂方位。

在下面的所有测试中,用直尺或类似的物件扰动的组件关于轴 4 运动。以至于在任何测试前保持飞轮处于垂直方向。

(9)设置采集指令位置 1、控制效果 2、编码器 2 位置和数编码器 4 位置数据。

设置轨道 1 如下:阶跃输入,幅值为 500 counts,停留时间为 1 000 ms,重复次数为 1,采样时间为 0.008 84 s。执行此轨迹,绘制指令位置 1 和编码器 4 位置数据在左轴,控制效果 2 数据在右轴。保存绘图。

调试中,当采样周期小于等于 0.003 534 s 的采样周期会出现过大的噪声,这对系统会造成破坏,如果速率增益增大,那么噪声会出现在更高的采样周期,所以为避免系统损坏要使速率增益与周期匹配。

(10) 先关实验箱,后关计算机。

六、实验报告要求

(1)关于极点配置方法,使用符号形式确定整个系统的闭环传递函数 $q_4(s)/r(s)$。解释给定形式的前置滤波器如何影响和简化整体的传递函数形式。

(2)填表 7.4,对三种控制方法的结果进行比较分析。

表 7.4　三种实验控制系统的比较

项　目	连续环	外环极点配置	全状态反馈
设计方法	使用根轨迹的内环速度反馈（为求出 k_v），使用交互式调节的外环 PD 增益 k_p 和 k_d	分子、分母控制器多项式的丢番图方程解是 $S(s)$，$R(s)$	使用 Riccati 方程解的来产生全状态反馈控制器增益向量 $K = \begin{bmatrix} k_1 & k_2 & k_3 \end{bmatrix}$ 的 LQR 综合
性能指标	阶跃上升时间和物理系统的超调	规定的闭环传函数的分母	最小的闭环极点的幅值
需要的传感器和执行器个数	2 个传感器，1 个电机	1 个传感器，1 个电机	2 个传感器，1 个电机
阶跃响应上升时间（输入幅值的 $0 \sim 90\%$，单位 ms）			
调节时间			

注意：假设速率测量是从位置传感器得出的。

结合试验参数说明最优控制和经典控制的差异和特点？

最优控制：基于状态空间，以目标函数最小为设计准则。

经典控制：基于传递函数，可分为时域设计和频域设计。

通过仿真和实验，推断现代控制理论可以和古典控制理论取得一致的控制效果吗？

在轴 4 控制中，三种控制方法都能满足控制指标，谈谈各自的优缺点。

七、实验注意事项

（1）在所有测试中，用直尺或类似物件绕轴 4 扰动框架，使飞轮在执行任何测试前始终处于铅垂方位。

（2）启动实验装置。

通电之前，请详细检察电源等连线是否正确，确认无误后，可按力矩陀螺电源，随后启动计算机和控制器。

（3）学生在实际上机调试之前，必须用自己的计算机，对系统的仿真全部做完，并且经过老师的检查许可后，才能申请上机调试。

（4）调试中，在加载输入信号前，转子要保持铅直位置，否则对实验结果有影响。

第8章　加速度计综合性实验

加速度计综合性实验主要是对加速度计工作原理、结构特点、性能指标测试进行训练，加深学生对所学加速度计相关知识的理解和掌握，培养学生理论联系实际能力和动手能力。

实验1　几种典型加速度计结构展示实验

一、实验目的

(1)通过实验,进一步了解加速度计的结构特点及工作原理。
(2)加深对加速度计的感性认识。

二、实验仪器与设备

(1)液浮摆式加速度计。
(2)石英挠性加速度计。
(3)摆式积分陀螺加速度计。

三、实验原理

加速度计的输出反映的是单位检测质量所受的惯性空间的合力,即惯性力与万有引力之和。在惯性技术领域将单位敏感质量所受的力称为比力,加速度计的输出直接反映比力,因此加速度计也称比力传感器。

1.液浮摆式加速度计

如图8.1所示是外形为圆柱形的液浮摆式加速度计结构示意图,它由不平衡质量的摆、浮子、信号器、力矩器和密封壳体组成。

摆组件由检测质量、信号器的线圈(信号器的可动部分)、力矩器线圈(力矩器的可动部分)等组成,并用宝石轴承支撑在壳体上。实际运用时,运载体上需安装三个输出轴相互垂直的加速度计,以分别敏感不同方向的加速度。当某一方向产生加速度时,由于摆组件转动,使信号器产生电信号,而该电信号又反馈给力矩器,从而产生力矩,使摆组件恢复到原平衡位置,根据恢复力矩的数值大小,即可不断求得加速度的变化值。为了减小轴承上的摩擦力矩,使摆组件悬浮在有温度控制的浮液中,摆组件设计成具有不平衡质量的圆柱体(浮子),使其能敏感加速度。由于浮子处于悬浮状态,减少了支撑的正压力,因此支撑轴可以做得很细(例如直径为0.5 mm),从而减小了摩擦力,提高了加速度测量的灵敏度。由此可见,为得到高精度的加速度计,不仅要精心设计,而且要具备高超的加工工艺。液浮摆式加速度计的悬浮液体,不仅为摆组件提供了所需的浮力,而且提供了改善加速度计动态品质所需的阻尼。目前,常用氟油(聚三氟氯乙烯)或氟溴油等高密度油作为浮液。摆组件相对壳体绕输出轴的偏转角是用一种角度传感器测量的,它能实现将机械转角变换为相应的电信号。在闭环加速度计中,力矩器是一个重要元件。力矩器的输入量是电压或电流,而输出量是同输入量成正比的力或力矩,这种情况就像一般电动机。对于要检测电容求线性度高的加速度计,需要进行温度控制。温度控制精度一般在 0.5~1 ℃。舰船惯性导航系统常采用这种加速度计。

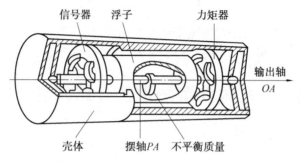

图 8.1　液浮摆式加速度计结构示意图

2. 石英挠性加速度计

挠性加速度计是一种闭环摆式加速度计,特点是摆组件用挠性杆支撑,其组成如图 8.2 所示。挠性杆是由弹性金属材料或非金属材料(石英)做成的,在材料相应部位加工出两个圆弧,两圆弧最薄处仅有百分之几毫米。这种结构使挠性杆沿加速度输入方向,轴方向很薄,因而容易弯曲,而挠性杆的侧向抗弯刚度大,不容易弯曲。信号器是电容式传感器,它用磁钢表面与摆组件两端构成两个检测电容。它的测量原理与摆式加速度计相似,当沿敏感轴方向有加速度输入时,惯性力对挠性杆细颈处形成惯性力矩,使摆组件绕细颈处转动。在摆组件偏转时,由磁钢表面与摆组件两端面构成两个检测电容,一侧电容量增大,另一侧电容量减小,两个电容的变化可用桥式电路检测出来,电桥的不平衡电压经过信号处理放大,最后送入力矩器的线圈,产生再平衡力矩与摆性力矩相平衡。与加速度成比例的信号也同液浮摆式加速度计一样,在力矩器线圈回路中串联一个标准电阻(已知确切的电阻值),测量电阻上的电压即可获得力矩电流。由于挠性加速度计用挠性杆支撑,因此没有支撑摩擦力矩,有利于提高加速度计精度;加速度计内无浮子,摆组件体积小,结构相对简单,制造、维修成本低;对温度控制要求也低。它是目前飞机惯性导航中主要采用的加速度计,特别是以石英作为挠性杆材料的加速度计得到迅速的发展和应用。

3. 摆式积分陀螺加速度计

陀螺摆式加速度计是应用陀螺仪进动特性制成的用以检测加速度的精密仪表。如图 8.3 所示是摆式加速度计的结构原理图。图中陀螺仪主轴和陀螺内环轴水平安置,与陀螺仪的外环轴垂直。陀螺仪的质量中心有意偏开支架的中心形成一个摆。测量加速度的输入轴沿陀螺仪的自转轴。垂直的外环轴是加速度计的输出轴。内、外环轴的两侧都安装有角度信号传感器和力矩器。

当没有加速度输入时,陀螺仪主轴稳定在平衡位置。摆锤受的重力 mg 垂直向下,沿垂直轴不产生影响陀螺进动的力矩。沿垂直轴的载体加速度与重力加速度一样,不起作用。载体沿内环轴方向的加速度产生惯性力矩是沿着陀螺仪动量矩 H 方向,陀螺仪不受影响,

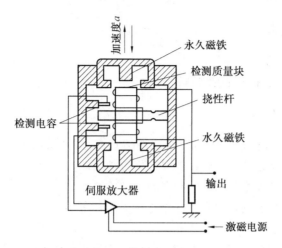

图 8.2　挠性加速度计

摆产生的惯性力矩与由框架支撑的反作用力矩相平衡。当沿输入轴有加速度 a 作用时,惯性力 $f=ma$ 作用在摆锤上,摆锤偏开支撑中心距离,则产生惯性力矩 $M_1=mal$,作用于内环轴。根据陀螺仪的特性,惯性力矩 M_1 作用在陀螺仪的内环轴上,陀螺仪不会绕内环轴转动而绕着外环轴进动,进动的角速度 $\theta=mla/H$。外环轴即输出轴上的角速度传感器可测量出陀螺仪进动的角度 θ 变化。随着时间的延续,角度 θ 越来越大,所以输出信号 θ 就是加速度 a 的积分。用信号器测量进动的 θ,信号的大小就是加速度 a 的积分。所以这种加速度计称为陀螺摆式积分加速度计。如果把输出轴上的角度信号传感器输出信号经放大反馈到内环轴上的力矩器里,产生电磁力矩 M_E,当 M_E 大小正好与惯性力矩 M_1 大小相等、方向相反时,陀螺仪就不再进动,这就是与摆式加速度计一样的力反馈平衡工作方式。反馈的电流即测量值经过积分,也可以得到速度。陀螺加速度表精度高,测量范围大,能承受高过载的冲击,是重要的战略武器制导系统中应用的惯性仪表。

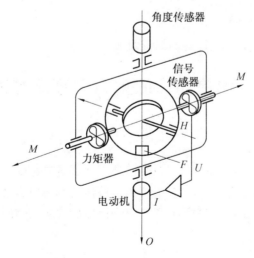

图 8.3　摆式积分陀螺加速度计

四、实验预习要求

(1)了解加速度计的分类情况。

(2)熟悉液浮摆式加速度计的结构特点。

五、实验内容及步骤

(1)分解液浮摆式加速度计仪表,分析液浮摆式加速度计的结构和工作原理。

① 拆解液浮摆式加速度计仪表,了解其结构特点;

② 分析液浮摆式加速度计的工作原理;

③ 了解液浮摆式加速度计仪表的性能指标及应用领域;

④ 重新组装好仪表。

(2)分解摆式积分陀螺加速度计仪表,了解摆式积分陀螺加速度计的结构和工作原理。

① 拆解摆式积分陀螺加速度计仪表,了解其结构特点;

② 分析摆式积分陀螺加速度计的工作原理;

③ 了解摆式积分陀螺加速度计仪表的性能指标及应用领域;

④ 重新组装好仪表。

(3)分解石英挠性加速度计仪表,了解石英挠性加速度计的结构和工作原理。

① 拆解石英挠性加速度计仪表,了解其结构特点;

② 分析石英挠性加速度计的工作原理;

③ 了解石英挠性加速度计仪表性的能指标及应用领域;

④ 重新组装好仪表。

六、实验报告

(1) 写出加速度计的传递函数。

(2) 简述液浮摆式加速度计的工作原理。

(3) 简述摆式积分陀螺加速度计的结构组成。

实验 2　加速度计的重力场翻滚测试实验

一、实验目的

(1)通过在静态情况下测量非引力加速度,使学生了解加速度计在不依赖任何外部信息的情况下,可实时精确测量出海、陆、空、天任何运载体的运动加速度。

(2)通过实验加深学生对加速度计主要性能指标的理解,为惯性器件误差标定奠定基础。

二、实验仪器与设备

(1)加速度计综合测试台。

(2)数据采集与处理装置。

　　(3)加速度计。

　　(4)带有试验夹具的精密旋转分度头。

　　(5)电源、电缆、测试仪器等。

三、实验原理

　　加速度计重力场试验是利用重力加速度在加速度计输入轴方向的分量作为输入量,测量加速度计各项性能参数的试验。通常采用等角度分割的多点翻滚程序或加速度增量线性程序来标定加速度计的静态性能参数。不同角速度的连续翻滚程序还可以测试加速度计的部分动态性能。加速度计重力场试验的测试范围限制在试验室当地重力加速度正负值($\pm 1g$)以内,不能进行输入范围大于 $\pm 1g$ 的加速度计全量程试验,对非线性系数和交叉耦合系数的标定精度较低。

　　在进行地球重力场翻滚试验时,加速度计的输入加速度按正弦规律变化,它的输出值也相应地按正弦规律变化。由于各方面的原因,实际上加速度计的输出值是周期函数,但并不完全是按正弦规律变化。如果将实际输出的周期函数按照富氏级数分解,可以得到常值项、正弦基波项、余弦基波项和其他高次谐波项。通过傅里叶级数的各项系数,可以换算模型方程式的各项系数。

　　通常,加速度计在 $1g$ 地球重力场的测试中,采用静态数学模型方程。进行测试时,一般是将加速度计通过卡具安装在精密光学分度头或精密端齿盘台面上进行,使加速度计的输入轴与台面平行。测试前需先调整分度头台面使其在重力铅直面内,此时分度头旋转主轴水平。当绕分度头主轴转动时,加速度计的输入轴相对于重力场翻滚,由分度头的转动角度读数可精确确定加速度计各轴敏感的比力分量。即令加速度计的输入轴在铅垂平面内相对重力加速度回转,通常是让分度头在 360° 范围内旋转,就可以使加速度计敏感轴上所受的重力加速度呈正弦关系变化,加速度计的输出也呈正弦关系变化。知道敏感轴与重力的夹角后,就可以计算出加速度计所感受的加速度大小。试验时为精确地确定输入轴的角度,通常分度时均匀分布测试点。为提高试验精度,试验设备必须采取隔振和防倾斜的措施。用精密数字电压表测量加速度计的输出,或用数据采集卡自动记录测量结果。测量仪器应该至少比被测量精度高一个数量级。重力场 $1g$ 静态翻滚试验的主要检测项目,包括加速度计标度因数、加速度计零偏、对加速度输入平方敏感的二阶系数、各漂移系数的重复性与稳定性、横向灵敏度等。

　　安装加速度计时,使其敏感轴(输入轴)平行分度头台面(即在铅直面内)安装,垂直于精密旋转分度头的水平轴线。通过台面插座和台体插座(通常通过滑环连接)将电源输入到加速度计,并将加速度计的输出电压引至高精度电压表测量端。加速度计的其他两个轴还有两种安装方式:一是摆轴平行于分度头台面,输出轴平行于分度头转轴的安装状态,称为水平摆安装状态,简称"摆状态";二是输出轴平行于分度头台面,摆轴平行于分度头转轴的安装状态,称为侧摆安装状态,也称"门状态"。安装方式如图 8.4 所示。

　　加速度计在侧摆状态下(PA 水平)摆轴(PA)水平放置,而输入轴(IA)和输出轴(OA)可以绕分度头的水平轴在当地铅垂面内旋转 360°,如图 8.5 所示。加速度计输入形式为

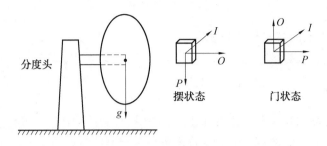

图 8.4　加速度计安装方式

$$\bar{A} = -\bar{g}, \quad \begin{bmatrix} A_I \\ A_O \\ A_P \end{bmatrix} = \begin{bmatrix} \sin(\theta + \theta_0) \\ \cos(\theta + \theta_0) \\ 0 \end{bmatrix} g \tag{8.1}$$

式中　　θ—— 输入轴与当地水平面的夹角；

　　　　θ_0—— 初始失准角。

当 $A_P = 0$ 时，数学模型简化为

$$E = K_0 + K_1 A_I + K_2 A_I^2 + K_3 A_I^3 + K_4 A_I A_O \tag{8.2}$$

在水平摆状态下（OA 水平）加速度计输出轴（OA）水平放置，而输入轴（IA）和摆轴（PA）可以在铅垂面内相对地球重力向量旋转，如图 8.6 所示。

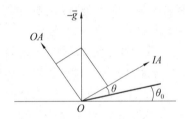

图 8.5　侧摆状态

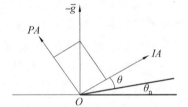

图 8.6　水平摆状态

在水平摆状态下，加速度计输入为

$$\bar{A} = -\bar{g}, \quad \begin{bmatrix} A_I \\ A_O \\ A_P \end{bmatrix} = \begin{bmatrix} \sin(\theta + \theta_0) \\ 0 \\ \cos(\theta + \theta_0) \end{bmatrix} g \tag{8.3}$$

当 $A_O = 0$ 时，数学模型化简为

$$E = K_0 + K_1 A_I + K_2 A_I^2 + K_3 A_I^3 + K_5 A_I A_P \tag{8.4}$$

在侧摆状态和水平摆状态，模型方程的差别只是交叉耦合项不同。下面讨论在侧摆状态下，模型方程系数与加速度计在重力场中的方位关系。

将式（8.1）代入式（8.2）有

$$E = K_0 + K_1 \sin(\theta + \theta_0) + K_2 \sin^2(\theta + \theta_0) + K_3 \sin^3(\theta + \theta_0) + K_4 \sin(\theta + \theta_0) \cos(\theta + \theta_0)$$

考虑到 θ_0, K_2, K_3, K_4 均为小量，若忽略二阶及其以上小量，则

$$E = K_0 + K_1 \sin\theta + K_1 \theta_0 \cos\theta + K_2 \sin^2\theta + K_3 \sin^3\theta + 1/2 K_4 \sin 2\theta$$

进而有加速度计输出 E 的傅氏级数表达式

$$E = \left(K_0 + \frac{1}{2}K_2\right) + \left(K_1 + \frac{3}{4}K_3\right)\sin\theta + \frac{1}{2}K_4\sin 2\theta - \frac{1}{4}K_3\sin 3\theta +$$

$$K_1\theta_0\cos\theta - \frac{1}{2}K_2\cos 2\theta \tag{8.5}$$

如果令

$$E = B_0 + S_1\sin\theta + S_2\sin 2\theta + S_3\sin 3\theta + C_1\cos\theta + C_2\cos 2\theta \tag{8.6}$$

比较式(8.5)和式(8.6)可知,各次谐波系数与模型方程系数之间的关系为

$$B_0 = K_0 + 1/2K_2$$
$$S_1 = K_1 + 3/4K_3$$
$$S_2 = 1/2K_4$$
$$S_3 = -1/4K_3 \tag{8.7}$$
$$C_1 = K_1\theta_0$$
$$C_2 = -1/2K_2$$

显然,由式(8.7)可以得到用谐波系数表示的模型方程系数和初始失调角,为

$$K_0 = B_0 + C_2$$
$$K_1 = S_1 + 3S_3$$
$$K_2 = -2C_2$$
$$K_3 = -4S_3 \tag{8.8}$$
$$K_4 = 2S_2\,(PA\ 水平)$$
$$K_5 = 2S_2\,(OA\ 水平)$$
$$\theta_0 = \frac{C_1}{S_1 + 3S_3}$$

因此,在一般情况下,对足够的试验数据进行标准的傅氏分析,便可以确定出各次谐波系数,进而确定出各个模型方程的系数。在特殊情况下,利用一些特殊的角位置,根据式(8.5)可以直接计算出模型方程的系数。上面是对侧摆状态进行的分析,水平摆状态同样适用。

在分度头翻滚测试过程中,通常在一周360°范围内等间隔取点,并且点数一般取4的倍数,这样所有角度值在四个象限中是对称分布的,有利于消除不对称性试验误差,提高测试精度和减小数据处理的复杂性。获得测试数据后,一般情况下总可以使用最小二乘法进行数据处理,分离出加速度计的各项模型系数。为了迅速获得加速度计的主要模型参数,工程上经常采用比较简单的四点法和八点法,四点测试法就是在分度头翻滚时只取四个特殊的角位置,分别为0°,90°,180°和270°。采集加速度计在不同位置的输出数据,利用最小二乘法分别计算加速度计的标度因数,偏置误差。

根据上面的分析,加速度计选取侧摆状态(PA 水平)或水平摆安装状态(DA 水平)的任一状态,分别取四个试验位置,即0°,90°,180°,270°,并代入加速度计 E 的傅氏表达式(8.5),即可得到一组方程

$$\left.\begin{array}{l} E(0°) = K_0 + K_1\theta_0 \\ E(90°) = K_0 + K_1 + K_2 + K_3 \\ E(180°) = K_0 - K_1\theta_0 \\ E(270°) = K_0 - K_1 + K_2 - K_3 \end{array}\right\} \tag{8.9}$$

解此联立方程组可得

$$K_0 = \frac{1}{2}\left[E(0°) + E(180°)\right]$$
$$K_1 = \frac{1}{2}\left[E(90°) + E(270°) - E(0°) - E(180°)\right]$$

(8.10)

若考虑 $K_3 \ll K_1$，则

$$K_1 \approx \frac{1}{2}\left[E(90°) - E(270°)\right]$$
$$\theta_0 \approx \frac{E(0°) - E(180°)}{E(90°) - E(270°)}$$

(8.11)

加速度计测试的数据处理

（1）线性最小二乘法拟合。

设加速度计的线性数学模型为

$$U = K_0 + K_1 A_I$$
$$A_I = \sin(\theta + \theta_0)$$

(8.12)

式中　　θ——转动的角度；

　　　　θ_0——加速度计的初始安装角。

于是有

$$U = K_0 + \sin(\theta + \theta_0)$$

(8.13)

式中，θ_0 为微小量，则

$$U = K_0 + K_1\sin\theta\cos\theta + K_1\sin\theta_0\cos\theta \approx$$
$$K_0 + K_1\sin\theta + K_1\theta_0\cos\theta$$

(8.14)

设 $C_1 = K_1\theta_0$，则

$$U = K_0 + K_1\sin\theta + C_1\cos\theta$$

(8.15)

对于翻滚试验中的 N 个角度设定值，有

$$U_i = K_0 + K_1\sin\theta_i + C_1\cos\theta_i, \quad i = 1, 2, \cdots, N$$

(8.16)

最小二乘法曲线拟合的偏差平方和为

$$\sum_{i=1}^{N}(\bar{U}_i - U_i)^2 = \sum_{i=1}^{N}(\bar{U}_i - K_0 - K_1\sin\theta_i - C_1\cos\theta_i)^2$$

(8.17)

对上式中的每个参数（K_0, K_1, C_1）求偏导数，并使它们等于零，则所得方程组的矩阵形式为

$$\begin{bmatrix} \sum\limits_{i=1}^{N}\bar{U}_i \\ \sum\limits_{i=1}^{N}\bar{U}_i\sin\theta_i \\ \sum\limits_{i=1}^{N}\bar{U}_i\cos\theta_i \end{bmatrix} = \begin{bmatrix} \sum\limits_{i=1}^{N}1 & \sum\limits_{i=1}^{N}\sin\theta_i & \sum\limits_{i=1}^{N}\cos\theta_i \\ \sum\limits_{i=1}^{N}\sin\theta_i & \sum\limits_{i=1}^{N}\sin^2\theta_i & \sum\limits_{i=1}^{N}\sin\theta_i\cos\theta_i \\ \sum\limits_{i=1}^{N}\cos\theta_i & \sum\limits_{i=1}^{N}\sin\theta_i\cos\theta_i & \sum\limits_{i=1}^{N}\cos^2\theta_i \end{bmatrix}\begin{bmatrix} K_0 \\ K_1 \\ C_1 \end{bmatrix}$$

则

$$
\begin{bmatrix} K_0 \\ K_1 \\ C_1 \end{bmatrix} = \begin{bmatrix} \sum_{i=1}^{N} 1 & \sum_{i=1}^{N} \sin \theta_i & \sum_{i=1}^{N} \cos \theta_i \\ \sum_{i=1}^{N} \sin \theta_i & \sum_{i=1}^{N} \sin^2 \theta_i & \sum_{i=1}^{N} \sin \theta_i \cos \theta_i \\ \sum_{i=1}^{N} \cos \theta_i & \sum_{i=1}^{N} \sin \theta_i \cos \theta_i & \sum_{i=1}^{N} \cos^2 \theta_i \end{bmatrix}^{-1} \begin{bmatrix} \sum_{i=1}^{N} \bar{U}_i \\ \sum_{i=1}^{N} \bar{U}_i \sin \theta_i \\ \sum_{i=1}^{N} \bar{U}_i \cos \theta_i \end{bmatrix} \quad (8.18)
$$

这样就可以得到加速度计的线性模型零偏 K_0 和刻度因数 K_1。

$\bar{U}_i$ 与数学模型对应点的值的偏差称为非线性误差。可取整个测量范围内的最大非线性误差来描述非线性度。设整个测量范围内的最大非线性误差的绝对值为 $|(\Delta U_L)_{\max}|$，加速度计非线性误差的一种表示为 $\dfrac{|(\Delta U_L)_{\max}|}{U_{F.S.}} \times 100\%$。

（2）二次曲线最小二乘法拟合。

设加速度计的二次数学模型为

$$U = K_0 + K_1 A_i + K_2 A_i^2 \quad (8.19)$$

同时加速度计的数学模型用傅里叶级数的形式表示为

$$U = B_0 + B_1 \sin \theta + C_1 \cos \theta + B_2 \sin 2\theta + C_2 \cos 2\theta \quad (8.20)$$

将 $A_i = \sin(\theta + \theta_0)$ 代入式（8.19），其中 θ 为转动角度；θ_0 为加速度计初始安装角，有

$$U = K_0 + K_1 \sin(\theta + \theta_0) + K_2 \sin^2(\theta + \theta_0) \quad (8.21)$$

考虑到式中 θ_0 为微小量，则

$$
\begin{aligned}
U &= K_0 + K_1 \sin \theta \cos \theta_0 + K_1 \sin \theta_0 \cos \theta + K_2 \sin^2 \theta \cos^2 \theta_0 + \\
&\quad 2K_2 \sin\theta \sin \theta_0 \cos \theta \cos \theta_0 + K_2 \sin^2 \theta_0 \cos^2 \theta \approx \\
&\quad K_0 + K_1 \sin \theta + K_1 \theta_0 \cos \theta + K_2 \sin^2 \theta + 2K_2 \theta_0 \sin \theta \cos \theta = \\
&\quad K_0 + K_1 \sin \theta + K_1 \theta_0 \cos \theta + \frac{1}{2} K_2 (1 - \cos 2\theta) + K_2 \theta_0 \sin 2\theta = \\
&\quad K_0 + \frac{1}{2} K_2 + K_1 \sin \theta + K_1 \theta_0 \cos \theta + K_2 \theta_0 \sin 2\theta - \frac{1}{2} K_2 \cos 2\theta \quad (8.22)
\end{aligned}
$$

对照式（8.20）和式（8.22），有

$$B_0 = K_0 + \frac{1}{2} K_2, \quad B_1 = K_1, \quad C_1 = K_1 \theta_0, \quad B_2 = K_2 \theta_0, \quad C_2 = -\frac{1}{2} K_2 \quad (8.23)$$

取翻滚试验中的 N 个角度设定值，有

$$U_i = B_0 + B_1 \sin \theta_i + C_1 \cos \theta_i + B_2 \sin 2\theta_i + C_2 \cos 2\theta_i, \quad i = 1, 2, \cdots, N \quad (8.24)$$

最小二乘法曲线拟合的偏差平方和为

$$(\bar{U}_i - B_0 - B_1 \sin \theta_i - C_1 \cos \theta_i - B_2 \sin 2\theta_i - C_2 \cos 2\theta_i)^2 \quad (8.25)$$

对式（8.25）中的每个参数（B_0, B_1, C_1, B_2, C_2）求偏导数，并使它们等于零，则有

则

$$
\begin{bmatrix} B_0 \\ B_1 \\ C_1 \\ B_2 \\ C_2 \end{bmatrix} =
$$

$$\begin{bmatrix} \displaystyle\sum_{i=1}^{N}1 & \displaystyle\sum_{i=1}^{N}\sin\theta_i & \displaystyle\sum_{i=1}^{N}\cos\theta_i & \displaystyle\sum_{i=1}^{N}\sin 2\theta_i & \displaystyle\sum_{i=1}^{N}\cos 2\theta_i \\[2em] \displaystyle\sum_{i=1}^{N}\sin\theta_i & \displaystyle\sum_{i=1}^{N}\sin^2\theta_i & \displaystyle\sum_{i=1}^{N}\sin\theta_i\cos\theta_i & \displaystyle\sum_{i=1}^{N}\sin 2\theta_i\sin\theta_i & \displaystyle\sum_{i=1}^{N}\sin\theta_i\cos 2\theta_i \\[2em] \displaystyle\sum_{i=1}^{N}\cos\theta_i & \displaystyle\sum_{i=1}^{N}\sin\theta_i\cos\theta_i & \displaystyle\sum_{i=1}^{N}\cos^2\theta_i & \displaystyle\sum_{i=1}^{N}\sin 2\theta_i\cos\theta_i & \displaystyle\sum_{i=1}^{N}\cos\theta_i\cos 2\theta_i \\[2em] \displaystyle\sum_{i=1}^{N}\sin 2\theta_i & \displaystyle\sum_{i=1}^{N}\sin 2\theta_i\sin\theta_i & \displaystyle\sum_{i=1}^{N}\sin 2\theta_i\cos\theta_i & \displaystyle\sum_{i=1}^{N}\sin^2 2\theta_i & \displaystyle\sum_{i=1}^{N}\sin 2\theta_i\cos 2\theta_i \\[2em] \displaystyle\sum_{i=1}^{N}\cos 2\theta_i & \displaystyle\sum_{i=1}^{N}\sin\theta_i\cos 2\theta_i & \displaystyle\sum_{i=1}^{N}\cos\theta_i\cos 2\theta_i & \displaystyle\sum_{i=1}^{N}\sin 2\theta_i\cos 2\theta_i & \displaystyle\sum_{i=1}^{N}\cos^2 2\theta_i \end{bmatrix}^{-1}$$

$$\cdot \begin{bmatrix} \displaystyle\sum_{i=1}^{N}\bar{U}_i \\[2em] \displaystyle\sum_{i=1}^{N}\bar{U}_i\sin\theta_i \\[2em] \displaystyle\sum_{i=1}^{N}\bar{U}_i\cos\theta_i \\[2em] \displaystyle\sum_{i=1}^{N}\bar{U}_i\sin 2\theta_i \\[2em] \displaystyle\sum_{i=1}^{N}\bar{U}_i\cos 2\theta_i \end{bmatrix}$$

由式(8.23),得

$$K_0 = B_0 + C_2, \quad K_1 = B_1, \quad K_2 = -2C_2$$

这样就可以得到加速度计的线性模型 $U = K_0 + K_1 A_i + K_2 A_i^2$($A_i$ 为输入加速度)。

如果试验中采用的是等间距的角度值,则对于任何的 $m, n \in N$,且 $m \neq n$ 有关系式

$$\left.\begin{array}{l} \displaystyle\sum_{i=1}^{N}\sin(m\theta_i) = \sum_{i=1}^{N}\cos(m\theta_i) = 0, \quad \sum_{i=1}^{N}1 = N\left(\dfrac{360m}{N} \text{ 不为整数}\right) \\[1.5em] \displaystyle\sum_{i=1}^{N}\sin^2(m\theta_i) = \sum_{i=1}^{N}\cos^2(m\theta_i) = \dfrac{N}{2}\left(\dfrac{360m}{N} \text{ 不为整数}\right) \\[1.5em] \displaystyle\sum_{i=1}^{N}\sin(m\theta_i)\sin(n\theta_i) = \sum_{i=1}^{N}\sin(m\theta_i)\cos(n\theta_i) = \sum_{i=1}^{N}\cos(m\theta_i)\cos(n\theta_i) = 0 \\[1.5em] \left(\dfrac{180(m+n)}{N} \text{ 和}\dfrac{180(m-n)}{N} \text{ 都不为整数}\right) \end{array}\right\} \quad (8.26)$$

联立式(8.24)和式(8.26),可得

$$
\begin{cases}
B_0 = \dfrac{1}{N}\sum_{i=1}^{N}\bar{U}_i \\[2mm]
B_1 = \dfrac{2}{N}\sum_{i=1}^{N}\bar{U}_i \sin\theta_i \\[2mm]
C_1 = \dfrac{2}{N}\sum_{i=1}^{N}\bar{U}_i \cos\theta_i \\[2mm]
B_2 = \dfrac{2}{N}\sum_{i=1}^{N}\bar{U}_i \sin 2\theta_i \\[2mm]
C_2 = \dfrac{2}{N}\sum_{i=1}^{N}\bar{U}_i \cos 2\theta_i
\end{cases}
$$

于是有

$$
K_0 = B_0 + C_2, \quad K_1 = B_1, \quad K_2 = -2C_2
$$

这样就可以得到加速度计的线性模型 $E = K_0 + K_1 A_i + K_2 A_i^2$（$A_i$ 为输入加速度）。

四、实验内容及步骤

（1）调整分度头台面在重力铅直面内，此时分度头旋转主轴水平。

（2）加速度计通过夹具安装在光学分度头上，使其敏感轴（输入轴）平行于分度头台面（即在铅直面内），垂直于精密旋转分度头的水平轴线。

（3）通过台面插座和台体插座（通常通过滑环连接）将电源输入到加速度计，并将加速度计的输出电压引至高精度电压表测量端。

注：可由"可微动调节的平台""高灵敏度水平仪"和"自准直仪"建立起自准直仪光轴水平基准，并使加速度计的安装面同时置于铅垂面内，其误差要在一定的范围内（6″），以此作为初始读数的基准零位。

（4）由于加工、封装等引入了误差，因此加速度计的机械零位与电输出零位往往不一致。为了寻找加速度计的机械零位可以采用两点测试法进行。通过分度头旋转，可以寻找出加速度计的机械零位，由此也得到加速度计输出的零偏。

设加速度计的初始安装角为 θ_0，即加速度计敏感轴与水平线的夹角为 θ_0（图 8.7），加速度计机械零位的设定就是尽可能让测试仪表输出接近于零。反复调整并测出输入角度为 θ_0 和 $\theta_0 + 180°$ 时加速度计的输出电压值，当调整到两个位置，加速度计的输出相等时，即找到加速度计的机械零位。

在输入加速度为 O 的附近确定一个位置，设为位置 l，如图 8.8 所示，记录此时分度头的角度输出 θ_1 以及电压表的电压输出 U。将分度头旋转 $180°$，在其附近寻找另一位置，使电压表的电压输出仍为 U，记录此时分度头的角度输出 θ_2。检查 $\theta_2 - \theta_1$ 是否等于 $180°$ 或 $-180°$，如果相等，则位置 1 即为加速度计的机械零位；如果不等，将加速度计的位置调整为 $\theta_1 + \dfrac{\theta_2 - \theta_1 - 180°}{2}$（这个角度值为分度头的角度值），然后再重复以上步骤，在 $0°$ 和 $180°$ 附近反复寻找、调整，直至 $\theta_2 - \theta_1$ 等于 $180°$，此时的 θ_1 就是加速度计的机械零位。

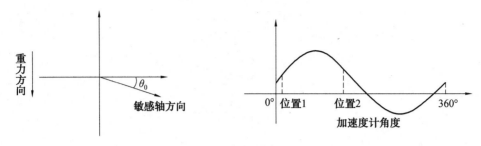

图 8.7　加速度计的坐标图　　　　　图 8.8　寻找加速度计机械零位原理图

测试时,在加速度计的再平衡回路中串联高精密电阻,并使用精密的六位半数字电压表采集电阻两端的电压 u,如图 8.9 所示。

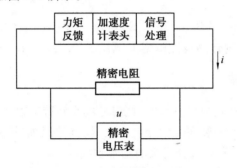

图 8.9　加速度计测试电气连接图

(5) 用精密数字电压表测量加速度计的输出,注意测量仪器应该至少比被测量精度高一个数量级。

(6) 当绕分度头主轴转动时,加速度计的输入轴相对于重力场翻滚,由分度头的转动角度读数可精确确定加速度计各轴敏感的比力分量。即令加速度计的输入轴在铅垂平面内相对重力加速度回转,通常是让分度头在 360° 范围内旋转,就可以使加速度计敏感轴上所受的重力加速度呈正弦关系变化,加速度计的输出也呈正弦关系变化。

在基准零位顺时针转动分度头,稍大于 90% 后,平稳精确地慢慢返回原基准零位(即 $+1g$ 到零),在规定时间内,连续记录 5 ～ 10 个读数,并取其平均值。

(7) 逆时针转动分度头稍大于 90°,然后平稳精确地返回原基准零位(即 $-1g$ 到正零),在规定时间内,连续记录 5 ～ 10 个读数,并取其平均值。

(8) 逆时针平稳精确地转 90°(即 $-1g$),在规定时间内连续记录 5 ～ 10 个读数,并取其平均值。

(9) 顺时针平稳精确地转 180°(即 $+1g$),在规定时间内连续记录 5 ～ 10 个读数,并取其平均值。

(10) 顺时针平稳精确地转到相对于基准零位 180° 的位置(即 $+1g$ 到负零),在规定时间内连续记录 5 ～ 10 个读数,并取其平均值。

(11) 顺时针转动分度头稍大于 90° 后,平稳精确地返回 (9) 的位置(即 $-1g$ 到负零),在规定时间内连续记录 5 ～ 10 个读数,并取其平均值。

(12) 逆时针转动 180°,回到起始零位,并对准自准直光轴,待下一次测量。

（13）用所测数据求出模型方程的各项系数。

灵敏度测试步骤如下：

① 将加速度计正确固定在转台转盘上，调整加速度计的零位，记录倾角为 0° 时的输出数据。

② 将转盘顺时针旋转 30°，60°，90°，则三个位置上加速度计所受的有效加速度分别为 $0.5g$，$0.433g$ 和 $1g$，记录加速度计的输出电压。

③ 复原到第 ① 步的位置。

④ 再将转台逆时针旋转 30°，60°，90°，使加速度计所受的有效加速度为 $-0.5g$，$-0.433g$ 和 $-1g$，同样记录三个位置上加速度计的输出。

⑤ 从第 ② 步和第 ④ 步的结果中分别计算出灵敏度，再取平均值，即得该加速度计的灵敏度（V/g）。

五、实验报告

由于加速度计在重力场中的性能是在给定试验位置上通过测量其输出（采样电阻的模拟电压或输出频率）来确定的，而这个给定位置决定了作用在加速度计上的输入加速度。因此，必须考虑加速度计输入误差及加速度计输出测量误差，对加速度计模型方程系数的估计精度的影响。

（1）加速度输入误差就是加速度计输入轴相对于重力场重力向量的定位误差，它主要取决于哪些因素产生误差？

（2）测量误差是试验中测量加速度计输出的仪器、仪表所具有的误差。那么测量仪器的正确选择，应使其误差尽可能地低于还是高于加速度输入误差，以保证获得最高试验精度？

（3）记录加速度计测量结果见表 8.1。

表 8.1　线性度测定数据

倾角 /(°)	有效加速度 /g	加速度计输出 U_{OUT} /V	相对偏差 /V
0°	0		
30°	0.5		
60°	0.866		
90°	1		
$-30°$	-0.5		
$-60°$	-0.866		
$-90°$	-1		
回归方程			
平均线性度			
最大偏差 /V			

我们将偏离直线最大的数据点和相对应的理论值相减得出最大偏差，其值的绝对值与理论值相比即为线性度。

按正常的使用要求，理想加速度计的输入、输出应严格地满足线性关系，即

$$Y = K_0 + K_1 a$$

式中 K_0—— 零偏值；

K_1—— 标度因数。

但由于受到结构的复杂性及其他各种因素的影响，加速度计的输入和输出很难保持绝对线性关系。这里用最小二乘法来最佳拟合符合试验数据的最优参数估计。

为了使误差平方和

$$J(K) = [V - AK]^T [V - AK] \tag{8.27}$$

最小，参数 K 的最小二乘法解为

$$K = (A^T A)^{-1} A^T A \tag{8.28}$$

式中 K—— 待估计参数。

注：计算平均线性度。

① 将测得的试验数据分别和相对应的理论值相减，之后与理论值相比，得出每个点的相对偏差；

② 将 N 个点的相对偏差取平均即可得出平均线性度。

（4）填写加速度计灵敏度测试结果，见表 8.2。

表 8.2　灵敏度测试数据表

倾角 /(°)	有效加速度 /g	加速度计输出 /V	灵敏度 /(V·g^{-1})
		U_{OUT}	U_{OUT}
0°	0		
30°	0.5		
60°	0.866		
90°	1		
−30°	−0.5		
−60°	−0.866		
−90°	−1		
平均灵敏度 /(V·g^{-1})			

实验 3　加速度计离心实验

一、实验目的

（1）通过实验，进一步了解加速度计的基本概念及工作原理。

（2）学会加速度测量方法。

二、实验仪器与设备

（1）带有试验夹具的离心机。

（2）加速度计试验工装（包括温控装置）。

（3）加速度计综合测试台。

（4）数据采集与处理装置。

（5）电源、电缆、测试仪器等。

三、实验原理

加速度计离心实验是进行加速度计全量程范围性能测试的实验,是将精密离心机产生的向心加速度作为输入,测量加速度计各项静特性性能参数的实验,主要用于标定加速度计在大加速度(大于 $\pm 1g$ 加速度输入)情况下,加速度计的标度因数、加速度计零偏、对加速度输入平方敏感的二阶系数、各漂移系数的重复性与稳定性、横向灵敏度等。

加速度计离心试验原理如图 8.10 所示。精密离心机要求转速稳定、结构变形小、振动小以及可以将加速度计安装在各种半径精确已知的圆盘上。离心机试验的加速度输入是通过使加速度计输入轴对准恒速旋转的半径方向的离心力产生的。

精密离心机一般由稳速系统和圆盘(或转臂)组成。是一个能以不同恒角速度转动的大型精密转台,其转速稳定性和动态半径的稳定性都在百万分之一左右。根据力学原理,精密离心机所产生的向心加速度值为

$$a = \omega^2 R \tag{8.29}$$

式中　ω——离心机回转角速度;

R——离心机转轴轴线到加速度计质量中心的距离,即转动半径。

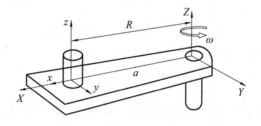

图 8.10　离心机试验原理图

精密离心机产生的加速度方向是沿回转半径指向回转中心的方向的。由式(8.29)可得

$$a + \Delta a = (\omega + \Delta \omega)^2 (R + \Delta R) \tag{8.30}$$

根据式(8.29)和式(8.30)有

$$\frac{\Delta a}{a} = 2 \frac{\Delta \omega}{\omega} + \frac{\Delta \omega^2}{\omega^2} + \frac{\Delta R}{R} + \frac{2 \Delta \omega \Delta R}{\omega R} + \frac{\Delta \omega^2 \Delta R}{\omega^2 R}$$

略去二阶小量后得

$$\frac{\Delta a}{a} \approx 2 \frac{\Delta \omega}{\omega} + \frac{\Delta R}{R} \tag{8.31}$$

式(8.31)表明离心机产生的向心加速度的精度取决于离心机工作半径的测量精度和离心机回转角速度的精度。要确定精密离心机产生的向心加速度的大小,必须精确知道工作半径 R 和离心机回转角速度 ω。

实验时,读取的是离心机相对于固定基座的转动速度。计算加速度时,应加上地球自转

角速度在离心机自转轴上的分量。设 φ 为当地纬度，ω_{ie} 为地球自转角速度，有

$$a = R (\omega + \omega_{ie} \sin \varphi)^2 = R \omega^2 \left[1 + 2 \left(\frac{\omega_{ie}}{\omega} \right) \sin \varphi + \left(\frac{\omega_{ie}}{\omega} \right)^2 \sin^2 \varphi \right] \tag{8.32}$$

由于地球转速比离心机转速小得多，因此可以略去 $\left(\dfrac{\omega_{ie}}{\omega} \right)$ 项，写成

$$a = R \omega^2 \left[1 + 2 \left(\frac{\omega_{ie}}{\omega} \right)^2 \sin \varphi \right] \tag{8.33}$$

由于在测试时无法精确取得加速度计检测质量中心的位置，因此离心机的工作半径较难准确测量。精密离心机在不转动时，有一个静态半径。转动时，随着回转角速度的增加，工作半径会有一些变化。为了保证测量精度，一般对精密离心机工作半径的动态变化量有一定精度要求。

由于在重力场试验中，可以准确地测定加速度计的输入量在 $\pm 1g$ 以内的输出值，对于同一加速度计来说，在精密离心机上输入量为 $\pm 1g$ 以内输入时的输出值应与重力场试验测试的数据相一致，这样就可以由试验数据计算出精密离心机的工作半径。在没有条件准确、直接测出工作半径时，可采用反推的方法来计算工作半径。一般采用的方法是将仪表置于离心机臂的安装位置上，在仪表底座上假设一基准点，例如底座的定位面，测量该定位面到离心机转轴轴线的距离 R_0。当离心机以角速度转动时，可求得向心加速度为

$$a_1 = (R_0 + \Delta R) (\omega + \omega_{ie} \sin \varphi)^2 \tag{8.34}$$

式中　ΔR—— 为基准点到检测质量中心的距离。

将仪表绕垂线转过 $180°$，使假设的基准点在离心机臂上仍保持在原来的位置，重复以上的测量可以求得

$$a_2 = (R_0 - \Delta R) (\omega + \omega_{ie} \sin \varphi)^2 \tag{8.35}$$

根据测得的数据可以计算出

$$\Delta R = \frac{(a_1 - a_2)}{2 (\omega + \omega_{ie} \sin \varphi)^2} \tag{8.36}$$

这样，使试验时测量 R 值的问题变为测量 a 值，再计算出 ΔR 做修正。为了准确地计算回转半径 R 值，应在向心加速度为 $1g$ 左右的条件下进行多次测试，然后取平均值。

四、实验预习要求

(1) 了解加速度计离心试验的测试方法。

(2) 熟悉加速度计工作原理。

五、实验内容及步骤

等角度增量试验，又称多点转角试验。离心机所产生的加速度值取 $\pm 1 \sim \pm 10g$，间隔取 $0.5g$，在每一加速度下，把加速度计敏感轴位置相对于离心机半径转动四个位置(间隔 $90°$)或八个位置(间隔 $45°$)。这种等角度增量试验方法是在离心机加速度场中做翻滚试验，可以把数学模型方程各系数全部分离出来。

(1) 将所要测试的加速度计通过夹具安置在精密离心机的转盘上，加速度计和离心机加速度矢量的取向如图 8.11 所示。

离心机的转轴应与地垂线重合，如有偏差，重力加速度将有分量叠加到向心加速度上。

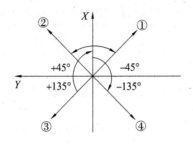

图 8.11　实验中实验号为 7 ～ 12 的轴取向

假设一与离心机臂固连并随之转动的 XYZ 坐标系，X 轴沿离心机臂通过仪表检测质量中心 G，Z 轴与离心机转轴重合。再建立以检测质量中心 G 为原点的坐标系，与 XYZ 坐标系平行。

如果离心机转轴与垂线的偏角 δ 为小量，并保持不变，则坐标系 XYZ 的加速度为

$$\begin{bmatrix} a_x \\ a_y \\ a_z \end{bmatrix} = \begin{bmatrix} a + \delta\cos\theta \\ \delta\sin\theta \\ -g \end{bmatrix} = \begin{bmatrix} a \\ 0 \\ -g \end{bmatrix} \tag{8.37}$$

（2）离心机转动时，在结构的动不平衡以及空气动力效应或热效应等影响下，将引起离心机和安装夹具的变形弯曲，使仪表基座产生大致以加速度值为函数的角偏差，在一阶近似下，这些角偏差可以被认为是与加速度成正比的，即

$$\left.\begin{array}{l} \gamma_x = k_x a \\ \gamma_y = k_y a \\ \gamma_z = k_z a \end{array}\right\} \tag{8.38}$$

式中，γ_x，γ_y，γ_z 为仪表基座相对于离心机静止时绕 X，Y，Z 轴的转角。

（3）设与仪表固连的坐标系为 uvw，当 $a = 0$ 时，u，v，w 与 X，Y，Z，重合，在离心机转动时，仪表各轴承受的加速度为

$$\begin{bmatrix} a_u \\ a_v \\ a_w \end{bmatrix} = \begin{bmatrix} 1 & \gamma_z & -\gamma_y \\ -\gamma_x & 1 & \gamma_z \\ \gamma_y & -\gamma_x & 1 \end{bmatrix} \begin{bmatrix} a_x \\ a_y \\ a_z \end{bmatrix} = \begin{bmatrix} 1 & k_z a & -k_y a \\ -k_x a & 1 & k_x a \\ k_y a & -k_x a & 1 \end{bmatrix} \begin{bmatrix} a \\ 0 \\ -1 \end{bmatrix} = \begin{bmatrix} a(1+k_y) \\ -k_x a - k_x a^2 \\ -1 + k_y a^2 \end{bmatrix}$$
$$\tag{8.39}$$

（4）变换加速度计在离心机上的位置，使离心机转速从 $1g$ 开始，等加速度逐渐上升到最大值，再以最大加速度使离心机转速逐步下降，直到返回到 $1g$。离心机等加速度增量每次可取 $0.5g$。

整个试验要求仪表在离心机上变换 12 个不同位置，进行 12 次试验。每次试验使离心机转速从 $1g$ 开始，等加速度逐渐上升到最大值，再以最大加速度使离心机转速逐步下降，直到返回到 $1g$。

（5）当离心机转速略微稳定时，记录加速度计的输出值。

表 8.3 列出了 12 次实验时仪表的取向和沿仪表各轴加速度情况。

表 8.3　12 次实验时仪表的取向和沿仪表各轴加速度

实验号	仪表各轴取向			仪表各轴承受到的加速度		
	输入轴	输出轴	转轴	a_I	a_O	a_P
1	X	Y	Z	$(1+k_y)a$	$-k_x a - k_x a^2$	$-1 + k_y a^2$
2	$-X$	Y	$-Z$	$-(1+k_y)a$	$-k_x a - k_x a^2$	$1 - k_y a^2$
3	Z	X	Y	$-1 + k_y a^2$	$(1+k_y)a$	$-k_x a - k_x a^2$
4	$-Z$	$-X$	Y	$1 - k_y a^2$	$-(1+k_y)a$	$-k_x a - k_x a^2$
5	Y	Z	X	$-k_x a - k_x a^2$	$-1 + k_y a^2$	$(1+k_y)a$
6	$-Y$	Z	$-X$	$k_x a + k_x a^2$	$-1 + k_y a^2$	$-(1+k_y)a$
7	①	②	Z	$\frac{1}{\sqrt{2}}[(1+k_x+k_y)a + k_x a^2]$	$\frac{1}{\sqrt{2}}[(1-k_x+k_y)a - k_x a^2]$	$-1 + k_y a^2$
8	③	④	Z	$-\frac{1}{\sqrt{2}}[(1+k_x+k_y)a + k_x a^2]$	$-\frac{1}{\sqrt{2}}[(1-k_x+k_y)a - k_x a^2]$	$-1 + k_y a^2$
9	Z	①	②	$-1 + k_y a^2$	$\frac{1}{\sqrt{2}}[(1+k_x+k_y)a + k_x a^2]$	$\frac{1}{\sqrt{2}}[(1-k_x+k_y)a - k_x a^2]$
10	$-Z$	③	④	$1 - k_y a^2$	$-\frac{1}{\sqrt{2}}[(1-k_x+k_y)a - k_x a^2]$	$-\frac{1}{\sqrt{2}}[(1+k_x+k_y)a + k_x a^2]$
11	②	Z	①	$\frac{1}{\sqrt{2}}[(1-k_x+k_y)a - k_x a^2]$	$-1 + k_y a^2$	$\frac{1}{\sqrt{2}}[(1+k_x+k_y)a + k_x a^2]$
12	④	Z	③	$-\frac{1}{\sqrt{2}}[(1-k_x+k_y)a - k_x a^2]$	$-1 + k_y a^2$	$-\frac{1}{\sqrt{2}}[(1+k_x+k_y)a + k_x a^2]$

表 8.3 中试验号为 7 ～ 12 的轴的取向如图 8.12 所示。

$$A_{ij} = B_{0i} + B_{1i} a_j + B_{2i} a_j^2 + B_{3i} a_j^3 \tag{8.40}$$

式中　i——试验号，i 从 1 ～ 12。

由每次试验中，不同大小的加速度值取得的仪表输出 $A_{ij}(j$ 从 $1 \sim n)$ 可以计算出 B_0，B_1, B_2, B_3 的值，其方法与上述类似，其结果为

$$
\begin{bmatrix} B_{0i} \\ B_{1i} \\ B_{2i} \\ B_{3i} \end{bmatrix} = \begin{bmatrix} \sum\limits_{j=1}^{n} A_{ij} \\ \sum\limits_{j=1}^{n} A_{ij} a_j \\ \sum\limits_{j=1}^{n} A_{ij} a_j^2 \\ \sum\limits_{j=1}^{n} A_{ij} a_j^3 \end{bmatrix} \begin{bmatrix} n & \sum\limits_{j=1}^{n} a_j & \sum\limits_{j=1}^{n} a_j^2 & \sum\limits_{j=1}^{n} a_j^3 \\ \sum\limits_{j=1}^{n} a_j & \sum\limits_{j=1}^{n} a_j^2 & \sum\limits_{j=1}^{n} a_j^3 & \sum\limits_{j=1}^{n} a_j^4 \\ \sum\limits_{j=1}^{n} a_j^2 & \sum\limits_{j=1}^{n} a_j^3 & \sum\limits_{j=1}^{n} a_j^4 & \sum\limits_{j=1}^{n} a_j^5 \\ \sum\limits_{j=1}^{n} a_j^3 & \sum\limits_{j=1}^{n} a_j^4 & \sum\limits_{j=1}^{n} a_j^5 & \sum\limits_{j=1}^{n} a_j^6 \end{bmatrix}^{-1} \tag{8.41}
$$

这样，根据 12 个位置的实验数据，可以求出 48 个数据，在略去式子中微量项后可求得模型方程，除零次项、一次项外的各项系数为

$$K_{2I} = \frac{B_{21} + B_{22}}{2}$$

$$K_{3I} = \frac{B_{31} - B_{32}}{2}$$

$$K_{2O} = \frac{B_{23} + B_{24}}{2}$$

$$K_{3O} = \frac{B_{33} - B_{34}}{2} \tag{8.42}$$

$$K_{2P} = \frac{B_{25} + B_{26}}{2}$$

$$K_{3P} = \frac{B_{35} - B_{36}}{2}$$

$$K_{IO} = B_{27} + B_{28} - (K_{2I} + K_{2O})$$

$$K_{OP} = B_{29} + B_{210} - (K_{2O} + K_{2P})$$

$$K_{IP} = B_{211} + B_{212} - (K_{2I} + K_{2P})$$

六、实验报告

（1）在表 8.4 中记录加速度计 12 个位置输出值。

表 8.4　加速度计实时测量数据　　　　　　mA

位置	输入轴与水平线夹角	加速度计输出值
1	0°	
2	30°	
3	45°	
4	60°	
5	90°	
6	135°	
7	180°	
8	225°	
9	270°	
10	300°	
11	315°	
12	330°	

根据实验测量数据，确定加速度计各项性能参数。

（2）已知某加速度计输入轴在 12 个位置的输出值，试用最小二乘法拟合数据，求出输入轴失准角、偏值、刻度因数、灵敏度。g 为重力加速度输入值。12 个位置安装及其与重力加速度之间的关系见表 8.5。

表 8.5　加速度计实时测量数据

位　置	输入轴与水平线夹角	输入轴加速度
1	0°	0
2	30°	$g\sin 30°$
3	45°	$g\sin 45°$
4	60°	$g\sin 60°$
5	90°	$-g$
6	135°	$g\sin 135°$
7	180°	0
8	225°	$g\sin 225°$
9	270°	g
10	300°	$g\sin 300°$
11	315°	$g\sin 315°$
12	330°	$g\sin 330°$

（3）谈谈本次实验的心得体会。

七、实验注意事项

（1）实验前检查电线是否正确连接。

（2）注意对传感器的转动动作不要过大。

（3）实验结束后，请确认关闭电源。

参考文献

[1] 秦永元. 惯性导航[M]. 北京:科学出版社,2006.

[2] 郭素云. 陀螺仪原理及应用[M]. 哈尔滨:哈尔滨工业大学出版社,1983.

[3] 陈永冰,钟斌. 惯性导航原理[M]. 北京:国防工业出版社,2007.

[4] 邓正隆. 惯性技术[M]. 哈尔滨:哈尔滨工业大学出版社,2006.

[5] 郭秀中,于波,陈云相. 陀螺仪理论及应用[M]. 北京:航空工业出版社,1987.

[6] 郭秀中. 惯导系统陀螺仪原理[M]. 北京:国防工业出版社,1990.

[7] 毛奔,林玉荣. 惯性器件测试与建模[M]. 哈尔滨:哈尔滨工程大学出版社,2008.

[8] 胡恒章. 陀螺仪漂移测试原理及其实验技术[M]. 北京:国防工业出版社,1981.